Tufashijian Zijiu Xiaochangshi

突发事件自救小常识

Event HOME

宋 坤 编

重庆大学出版社

内容提要

本书内容分为两部分：第一部分以较少篇幅介绍一些通用知识，包括应急包的准备、急救措施、应急生存技能等；第二部分分门别类，从家居、户外、交通、消防、自然灾害、战争6个方面，有针对性地介绍突发事件的预防预知、自救互救和事后处置，以提高读者对突发事件的预防、预知、自救和互救能力。

图书在版编目(CIP)数据

突发事件自救小常识/宋坤编.—重庆：重庆大学出版社，2012.10(2016.11重印)
(惠民小书屋丛书.我爱我家系列)
ISBN 978-7-5624-6531-7

Ⅰ.①突…　Ⅱ.①宋…　Ⅲ.①突发事件—自救互救—基本知识　Ⅳ.①X4

中国版本图书馆CIP数据核字(2011)第277132号

惠民小书屋丛书——我爱我家系列
突发事件自救小常识
宋　坤　编
策划编辑：刘颖果
责任编辑：文　鹏　　版式设计：刘颖果
责任校对：刘　真　　责任印制：赵　晟
*
重庆大学出版社出版发行
出版人：易树平
社址：重庆市沙坪坝区大学城西路21号
邮编：401331
电话：(023) 88617190　88617185(中小学)
传真：(023) 88617186　88617166
网址：http://www.cqup.com.cn
邮箱：fxk@cqup.com.cn(营销中心)
全国新华书店经销
重庆联谊印务有限公司印刷
*
开本：890mm×1240mm　1/32　印张：3.75　字数：84千
2012年10月第1版　2016年11月第10次印刷
ISBN 978-7-5624-6531-7　定价：10.00元

前　言

当你又安然无恙地度过一天，你是否觉得这是再自然不过的事情？

打开电视，或浏览一下网络新闻，总会有这样那样的灾害事故充斥着我们的耳目，在世界的各个角落，不断发生着各种悲剧——诸如地震、海啸、山体垮塌[illegible]的自然灾害，诸如火灾、踩踏、燃气泄漏、触电这[illegible]不慎而致的食物中毒，或者走在路上被空中掉[illegible]可能夺去我们的生命。

意外随时随地都[illegible]又安然无恙地度过一天，这并非必然，而是你有幸与[illegible]意外擦身而过。

然而，即使你平安走到今日，未来仍是不可测的，也许你从未遭遇过意外，但意外随时随地都有可能发生。在不作任何努力和准备的情况下，你能否总是那么幸运？你能否保证自己和家人可以在各种灾害事故面前安全绕行？

当警报响起的时候，你是否知道不同的警报声代表什么信息？

当你在手机收不到信号的野外迷路时，你是否知道如何发出求救信号？

当你所在城市的水源被污染时，你是否知道如何获取清洁饮用水？

……

每个生命都会死亡，尽管如此，我们仅有一次的生命仍然是宝贵的。珍惜生命，就是不要让生命因为原本可以规避的危险和可以挽救的危机而受到伤害，这也正是作者编写本书的初衷。

在我们的邻国日本，那里的民众长期饱受各种灾害侵袭，政府与民众不断总结经验教训，而今，他们已在预防和处置各类突发事件方面取得显著成就。总览其应急管理之道，除了健全的法规体系、完备的应急资源和发达的预警系统之外，尚依赖于民众超强的自救能力。作者编写本书，正是寄望于提高读者对突发事件的预防、预知、自救和互救能力。

本书内容分为两部分：第一部分以较少篇幅介绍一些通用知识，包括应急包的准备、急救措施、应急生存技能等；第二部分分门别类，从家居、户外、交通、消防、自然灾害、战争 6 个方面，有针对性地介绍突发事件的预防预知、自救互救和事后处置，其中少许内容与第一部分重复，乃是出于阅读流畅性和知识完整性的考虑。碍于篇幅限制，本书在诸多内容上仅涉及常见现象和简单方法，并未深入展开。若读者需要在某一方面了解更多，不妨诉求于更精专的书籍。比如在计划一次户外驴行之时，可以购买几本专门讲驴行的书，你可以从中得到更全面和细致的指导。

在编写本书的过程中，作者查阅和比较了大量资料。本书算不得原创，尽管书中加入了一些作者自己和身边亲友的经验教训，但就其大部分内容而言，作者仅仅是做了一个资料的搬运工和整合者。

搬运和整合资料也并不轻松，它不是单纯的抄录，而是需要一定的宏观眼光。作者必须将各种零碎资料消化整理，通过资料的相互印证来剔除和更正不太准确的内容，并要理顺其文句、统一其文字风格，以比较严谨的逻辑将其安排到一个合理的体系中去。尽管编写本书是一个比较辛苦的过程，但这样的辛苦是值得的，因为某人某天可能会因为阅读过本书的某页而逃过一场劫难！

作　者

2012 年 2 月 8 日

目
CONTENTS
录

0 从准备一个应急包开始

当突发事件不期而至时，我们可能需要离开原住地逃生，也可能被困在某个角落。这时，如果身边有一杯水和一块饼干，就可以缓解饥渴；如果有一把军刀和一根绳索，就可以试着探寻救生通道；如果有一只口哨或其他有效通信工具，就可以向外界求救……

然而，突发事件留给我们的有效反应时间是很短暂的，我们很难在那样短的时间内将所需要的应急物品准备齐全并打包携带！

如果能提前将各种应急物品装进一个结实、轻便的背囊或手提袋，把它放在容易拿到的地方，一旦突发事件发生，获取应急物品就容易多了。

在我们的邻国日本，应急包早已被广泛使用，而在我国，应急包还远未普及。应急包可以放在家里、办公室、教室、车上等地方，关键时刻，它可以挽救我们的生命。还在等什么呢？如果你还没有应急包，那就赶快着手准备吧！

应急包

应急包中应当包括（但不限于）以下应急物品：

- 饮用水　矿泉水、轻便的水壶。
- 食　品　热量较高、占地较小的干粮，如压缩饼干、巧克力等。

● 照明工具　手电筒（含备用电池）或手摇充电式电筒，小型便携式照明灯（最好带报警器）也是可以的。

● 通信工具　一个手机备用充电器，如果逃生或被困时刚好带着手机，充电器可以发挥作用。此外，还应当准备一个收音机（含备用电池）。

● 自救及求救工具　一个防毒面具，也可用毛巾或防疫口罩代替；一双手套，橡胶防滑手套、麻布手套、帆布手套等可以搬运重物，橡胶手套可以防病毒。此外，还应准备一条结实的绳索、一把多用军刀、一把榔头或铁锤、一只口哨、一些荧光棒之类的发光体、一些塑料袋等。

● 身份证明　身份证、户口本复印件及其他个人重要文件复印件（银行卡、医疗卡等），也可以制作一块含有个人身份资料（包含姓名、性别、出生日期、血型、身份证号、家庭住址及电话、亲友的电话号码等）的过塑防水牌。

● 备用服装、鞋袜、帽子　防水、防风外套，耐磨的鞋袜、帽子等。

● 药品　应当准备一些外伤药品，如创可贴、止血绷带、纱布、棉花、酒精、消毒药水等，还应根据个人身体状况准备一些常用药品。

● 个人卫生用品　准备一些厕纸、卫生巾、纸巾、成人及婴儿纸尿裤等。

● 洗漱用具　准备一些小规格的香皂、肥皂、牙刷、牙膏、剃须刀、梳子等。

现在已经有不少厂家开始生产应急包，如果不想一件一件地

购买应急物品，也可以直接购买应急整包。一般来说，可以在户外用品店买到应急包，也可以通过网络购买。除了应急物品外，应急包中可以放入一些现金，还可以根据自身情况加入其他物品。

在准备应急包时，要把握以下原则：应急包的外包装应具备结实、防水、轻便等特点；选择应急物品时，在够用的前提下，尽量选择占地少、轻便的物品；应急包应放在容易拿到的地方，留有紧急逃生通道的，可放在逃生通道一侧，也可以放在家中的床头或玄关、办公室的办公桌下、教室的课桌下、车辆的椅背后或后备箱，等等；应急包中的应急物品要定期检查，过了保质期的物品要及时更换；应急包应按"一人一个"进行准备，不可以家庭或其他团体为单位进行准备，以防人员在突发事件中走散后资源使用不均。

虽然应急包本身只是一个物理实体，但它却传递给我们一种理念，那就是"有备无患"。比如，我们在装修厨房时，可以多考虑材料的防火性，并在厨房显眼的位置放一个灭火器；比如，为了抗击地震，我们可以按照开间小、有支撑物等要求，事先在室内准备一个避震空间，并准备一些应急物品放在里面；再比如，大灾过后，通信可能处于瘫痪状态，如果家庭成员之间事先约定过会合方式，就能更快地和失散的亲人重聚。

灾害无情，但逃生有方。只有提前做好准备，才能最大限度地拯救自己和身边的人！但是，准备应急包只是一个开始，要应对突发事件，我们还需要更多的预防、预知、自救、互救知识。

1 实用急救措施与应急生存技能

1.1 如何进行止血

成年人的血液占体重的7%～8%，失血量达总血量的20%时，会出现头晕、脉搏增快、血压下降、肤色苍白、出冷汗等症状；失血量达总血量的40%时，会引起生命危险。因此，止血是所有急救措施中最为重要的一项，快速、准确、有效地止血可以挽救宝贵的生命。针对不同部位、不同出血量以及不同伤害导致的失血，有以下止血方法：

1）伤口压迫性止血法

首先需要干净的敷料（一般是用纱布，如果没有纱布，干净的手绢、毛巾、衣物也可以），将敷料压在伤口上，用绷带加压包扎。覆盖伤口的敷料要稍微厚一点，一般需要8～12层纱布的厚度；面积要大一点，起码要超过伤口的边缘；用绷带包扎时要稍微用力。

2）指压止血法

指压止血是用手指压迫出血血管上部（即近心端），使血管在压迫中闭住，中断血液，适用于头部、颈部和四肢外伤出血。

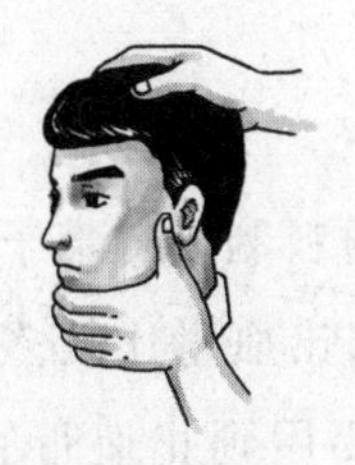
颞动脉压迫止血法

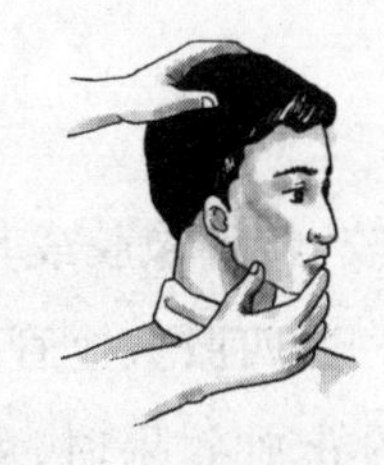
颌外动脉压迫止血法

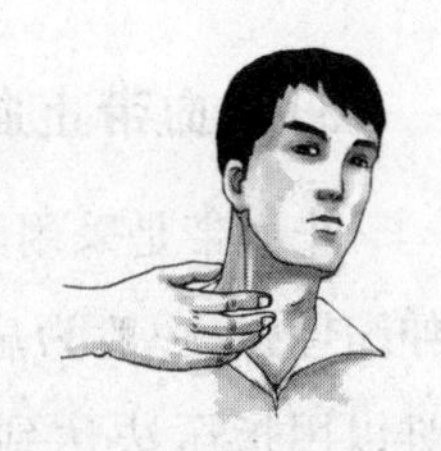
颈总动脉压迫止血法

●颞动脉(颅动脉)压迫止血法　用于头顶及颞部动脉出血。方法是用拇指或食指在耳前正对下颌关节处用力压迫。

●颌外动脉压迫止血法　用于肋部及颜面部的出血。方法是用拇指或食指在下颌角前约半寸外,将动脉血管压于下颌骨上。

●颈总动脉压迫止血法　用于头、颈部大出血且采用其他止血方法无效时。方法是将拇指或其他四指置于气管与胸锁乳突之间的沟内,在触摸到颈总动脉搏动后,用力将其向后压于第六颈椎横突上。注意,用此方法时,禁止双侧同时压迫。

●锁骨下动脉压迫止血法　用于腋窝、肩部及上肢出血。方法是用拇指在锁骨上凹摸到动脉跳动处,其余四指放在病人颈后,以拇指向下内方压向第一肋骨。

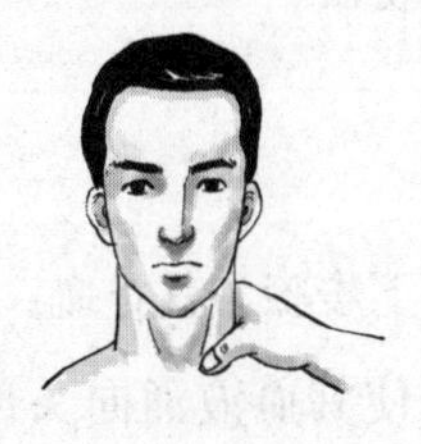
锁骨下动脉压迫止血法

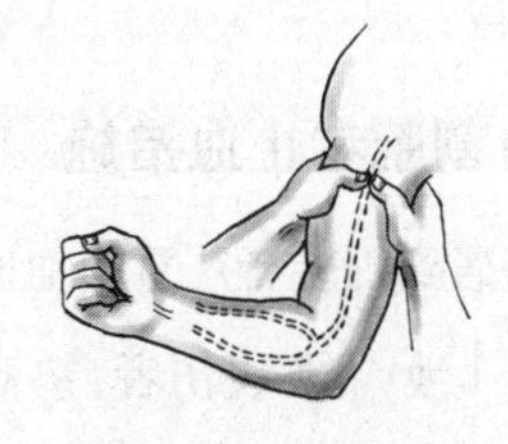
肱动脉压迫止血法

●肱动脉压迫止血法　用于手、前臂及上臂下部的出血。方法是在病人上臂的前面或后面,用拇指或四指压迫上臂内侧动脉血管。

3)止血带止血法

止血带是采用天然橡胶、特种橡胶或其他材料制成的带子，伸缩性强，一般为扁平型。当四肢大血管损伤，出血量比较多，难以用指压法达到较好的止血效果时，就需要用到止血带止血法。

医用急救止血带

• 前臂大血管损伤　如果前臂发生桡动脉或尺动脉损伤，止血带应捆绑在上臂中段。使用止血带止血时，先用毛巾或其他平整敷料包扎一下将要捆绑的部位，以防止血带对皮肤造成损伤。扎止血带时，要稍微用力扎紧。

• 小腿大血管损伤　小腿大血管损伤时，止血带捆绑的位置应当是大腿的中段，同样需要先用敷料包扎，然后扎紧止血带。

使用止血带止血法时，要定时放松止血带，一般每隔 1 小时应放松 5 分钟，放松期间仍要采取指压法止血。

4)割腕者止血措施

当遇到割腕者严重出血时，可按以下步骤为其止血：

第 1 步　平放伤者，垫高其双脚，使其血液涌向头部和上半身，保证其大脑和心脏有比较充足的血液供应。

第 2 步　抬高受损伤的肢体，利用重力作用减缓血液向伤处的流动，避免血液大量流失。

第 3 步　用干净敷料覆盖在伤口上，按住 5 ~ 10 分钟，促使血液凝结。

第4步　当出血基本停止后10～15分钟，在原来的敷料上再加一块敷料。需要注意的是，增加敷料时不可去除已经覆盖在伤口处的敷料，否则可能引起再次出血。

第5步　用绷带包扎伤口。

第6步　将伤者送往医院进行救治。

5）被刀（利器）扎伤后的止血措施

如果发现有人被刀扎伤，切勿随意拔出伤口中的刀具，更不可自行运送伤者到医院，应立即拨打急救电话，在医务人员到来之前，按以下步骤原地急救：

第1步　搀扶伤者躺下，同时在伤口附近的身体处放置衬垫，保护伤口，以免伤口进一步被拉伤和撕裂。

第2步　在伤者的伤口周围放置干净的敷料，并对其进行轻按压，以减少出血量。

第3步　将敷料卷成一定厚度，放置于刀具两侧，用纱布、布带或绳子进行包扎，以固定刀具。

第4步　密切关注伤者的反应，静候专业救护人员的到来。

注意，如果被刀扎伤的部位有组织外溢（如肠管等），切勿将其送回身体内部，也不要使劲挤压。正确的做法是维持原状，进行简单包扎。以肠管外溢为例，如果身边有干净的盆或碗，可用盆或碗扣在溢出的肠管上，再将其固定住。

1.2　骨折的急救方法

发生骨折后，切勿贸然运送伤者到医院，应立即拨打急救电话，在医务人员到来之前，原地实施急救处理。

在骨折的处理中，三角巾和夹板用得较多。三角巾是一边较长，另两边较短的等腰三角形布巾，可以全巾使用，也可折叠为半巾、宽带、窄带使用。没有三角巾时，可用干净的布料、衬衣、布带等代替。骨折专用夹板由塑料侧板、衬垫、带单向扣的布带组成。没有专用夹板时，也可使用形状合适、有一定硬度的板状物，以干净敷料等软物作为衬垫。

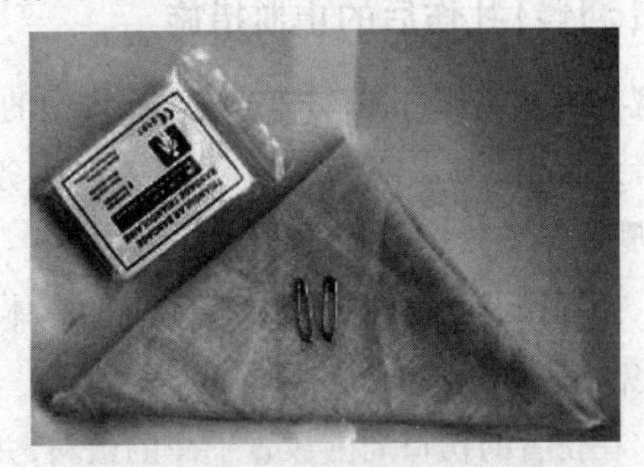

医用包扎三角巾

医用骨折夹板

以下为身体不同部位发生骨折后的急救处理：

1)锁骨骨折急救处理

用3条三角巾折叠成宽带,在伤者的双肩和腋下填上软布团或棉花团,用两条宽带分别绕过伤者的双肩在背后打结,形成两个肩环,再用第3条宽带在背后穿过两个肩环,拉紧打结,最后将两前臂绑扎固定或将受伤一侧的手臂挂在胸前。

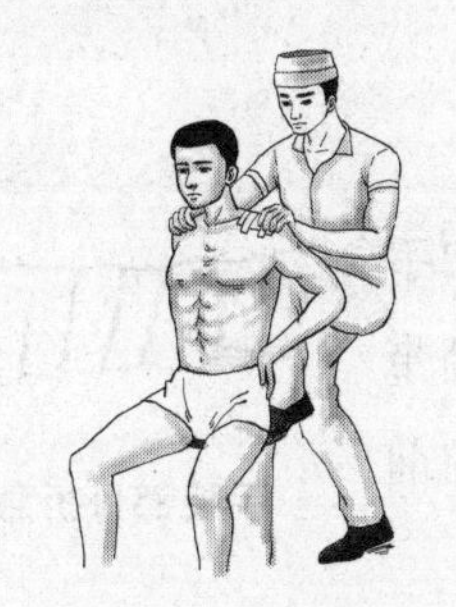
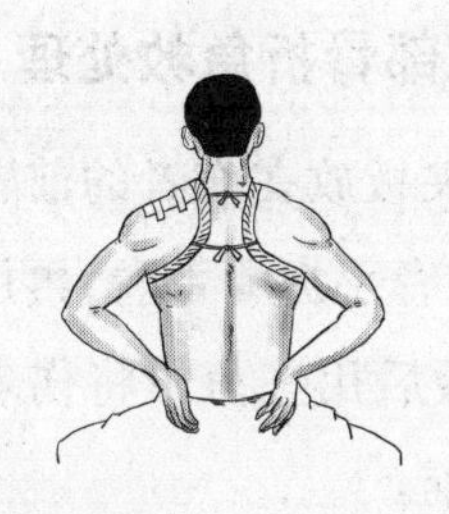

锁骨骨折急救处理

2)肱骨骨折急救处理

将两块长短、宽窄适宜的夹板分别放在伤者大臂的内、外侧,屈肘90°,用3~4条宽带将骨折处的夹板绑好,再用三角巾将前臂悬挂在胸前,用宽带将大臂与身体绑在一起,起到将手臂固定于体侧的作用。

3)前臂骨折急救处理

用两块夹板分别放在伤者前臂的掌侧和背侧,前臂处于中立位,屈肘90°,用3~4条宽带绑扎夹板,再用三角巾将前臂悬挂在胸前。

肱骨骨折急救处理

前臂骨折急救处理

4)手腕部骨折急救处理

将一块夹板放在伤者的前臂和手的掌侧,让伤者手握绷带卷,再用绷带缠绕固定,最后用三角巾将伤者的前臂悬挂在胸前。

手腕部骨折急救处理

5)股骨骨折急救处理

用两块长夹板放在受伤肢体的内外侧,内侧夹板上至大腿根部,下至足跟;外侧夹板上至腋下,下至足跟,然后用5~8条宽带固定夹板,在外侧打结。

股骨骨折急救处理

6)小腿骨折急救处理

用两块夹板放在小腿的内外侧,夹板长度上至大腿中部,下至足跟。用4~5条宽带分别在膝上、膝下及踝部绑扎固定。

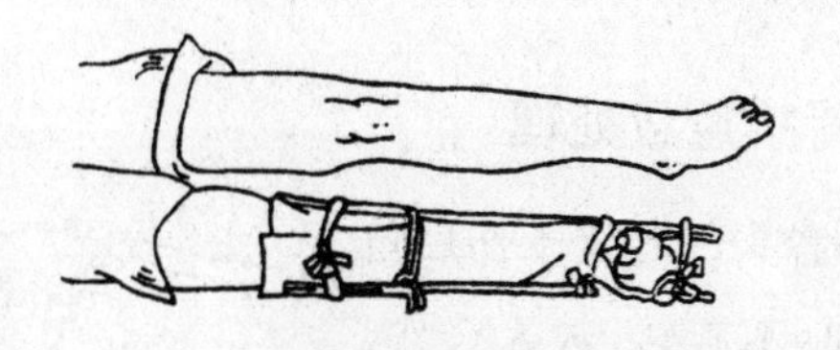

小腿骨折急救处理

7）踝足部骨折急救处理

取一块直角夹板，足跟置于直角内侧，直角夹板的一边置于足底，另一边置于小腿后侧，用棉花或软布在踝部和小腿下部垫好后，用宽带分别在膝下、踝上和足背部绑扎固定。

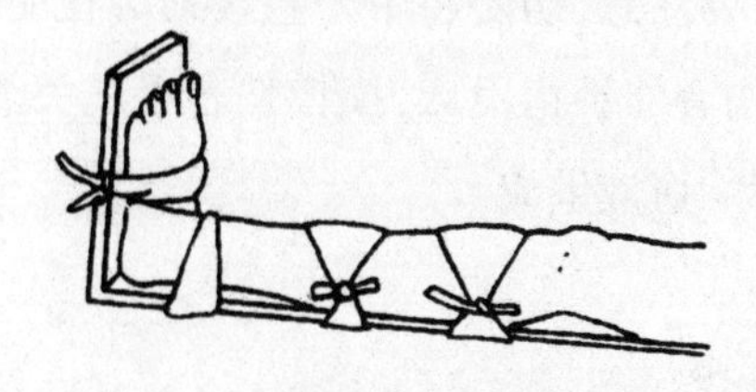

踝足部骨折急救处理

8）胸腰椎骨折急救处理

首先要尽量避免骨折处移动，以免损伤脊髓。如果能找到硬板担架或门板，可将伤者轻轻移至担架或门板上，取仰卧位，用数条宽带将伤员绑扎在木板上，送往医院；如果只有软质担架，此时应使伤员取俯卧位，且使其脊柱伸直，尽快将其送往医院。

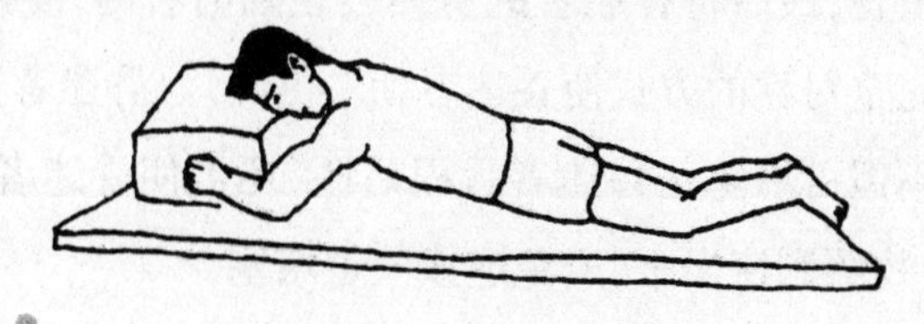

胸腰椎骨折急救处理

9)颈椎骨折急救处理

务必使伤者头部固定于伤后位置,不屈、不伸、不旋转,数人合作,将伤者抬至硬板担架或门板上,头部两侧用沙袋或卷起的衣物固定好,并用数条宽带将伤者绑扎在木板上。颈椎骨折如果处理不好,可能引起脊髓压迫,造成伤者高位截瘫。

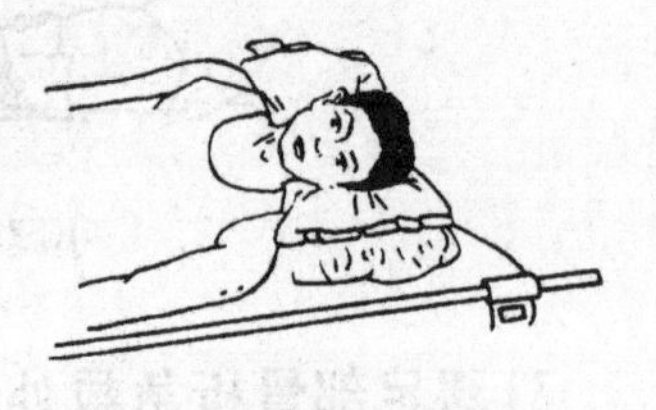

颈椎骨折急救处理

捆绑夹板时要注意,切勿将带子直接捆绑在受伤的部位。此外,要随时观察伤者的手指甲床,摸摸伤者手腕关节处的桡动脉,以免包扎过紧影响血液供应。

1.3 昏迷的急救方法

昏迷的危险之一在于,昏迷者的舌根可能往后坠,导致呼吸道堵塞。发现有人昏迷时,应立即拨打急救电话,同时将其身体摆成复原卧式:先使昏迷者平躺,将其右手臂水平向旁平放,然后将右小臂向上摆放,使右腋、手肘部均为直角,然后将其左手臂弯曲,使左手手掌位于右脸颊,接下来将昏迷者的左腿弯曲,使左脚收回到右脚膝下位置,最后将昏迷者的身体轻轻翻向右侧,使其侧躺(也可以采取完全对称的方式使昏迷者朝左侧卧)。昏迷者容易呕吐,复原卧式不但可以防止昏迷者舌根后坠,还可使昏迷者的口腔向下,使呕吐物顺利流出来,避免造成气道堵塞。

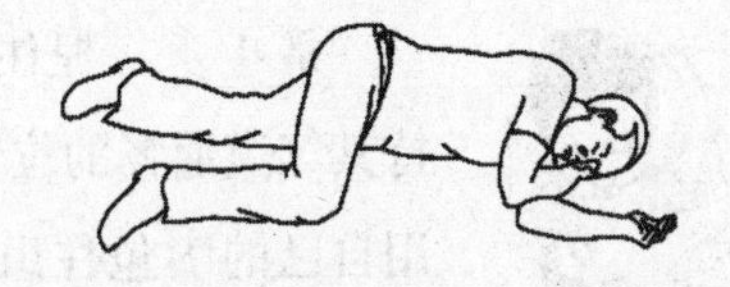

复原卧式

1.4 怎样进行人工呼吸

人工呼吸是最重要的急救措施之一,它在紧急情况下可以挽救生命,但是,不当的人工呼吸会造成更大的伤害,甚至加速死亡。在做人工呼吸前,首先应观察患者所处的状态,根据患者状态确定应当采取何种人工呼吸。正确的步骤如下:

第 1 步　轻轻跟患者说话,如果患者没有任何反应,可以认为患者遭受了严重疾病或伤害,迅速拨打急救电话,准备实施人工呼吸。

第 2 步　将患者放在一个坚实的平面上,使其保持仰卧位,采用压额提颏法打开其气道:用一只手掌的外侧压住患者前额,另一只手抬起患者下巴,使其头后仰,这样做可防止舌根后坠,保证呼吸通畅。

第 3 步　把头探下去,眼光平视患者胸廓,观察 10 秒后,如果发现其没有正常呼吸,开始准备人工通气。

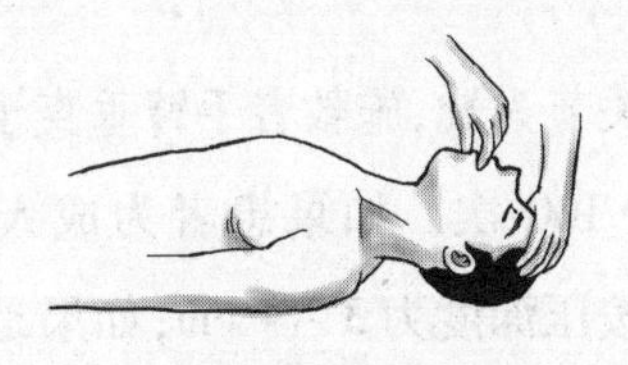

保持患者呼吸畅通

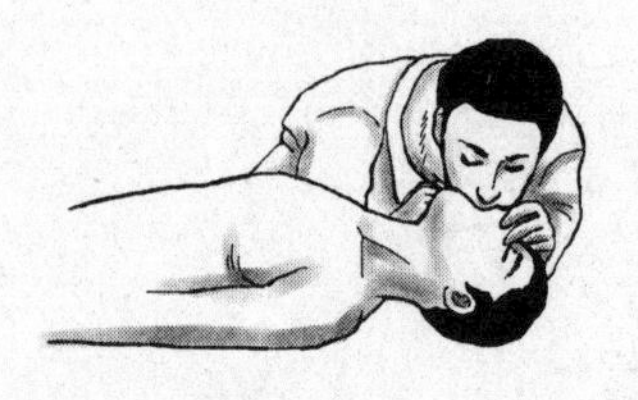

实施人工呼吸

第 4 步　捏住患者鼻孔，在保持其气道通畅的位置，深吸一口气，用自己的嘴包住患者的嘴，向内吹气，吹气的持续时间为每次 2 秒，吹气的容量为 700 ~ 1 000 mL(患者为儿童时可适量减少)，两次吹气后，检查患者的颈动脉。如果 10 秒之后患者仍无颈动脉搏动，也无其他反应，说明其心跳已停止，此时应准备进行胸外按压。

1.5　怎样进行胸外心脏按压

对于没有经验的人来说，可以不检查颈动脉，直接观察患者有无咳嗽、肢体运动，吹气时是否有抗拒行为。如果没有任何反应，就可以开始实施胸外心脏按压了。实施胸外心脏按压的步骤如下：

第 1 步　按照前述方法，使患者头部保持在气道通畅的位置。

第 2 步　一只手的中指找到患者的肋弓，沿着肋弓向上，滑到患者的剑突下，将一只手的手掌根部放在剑突上方两横指处，另一只手握住这只手的手掌(保证只有一个手的手掌根放在患者胸壁)。

第 3 步　以髋关节为轴，施救者手臂垂直于患者胸壁下压，按压的频率为每分钟 100 次。如果患者为成人，按压深度为 4 ~ 5 cm；如果是婴儿，按压深度为 3 ~ 4 cm；如果是新生儿，按压深度为 1 ~ 2 cm。

第 4 步　按压 15 次后，再进行 2 次人工通气，然后重新寻找胸外按压的位置，进行第 2 次按压。

第 5 步　将 15 次按压、2 次人工通气这一程序再重复 3 次。

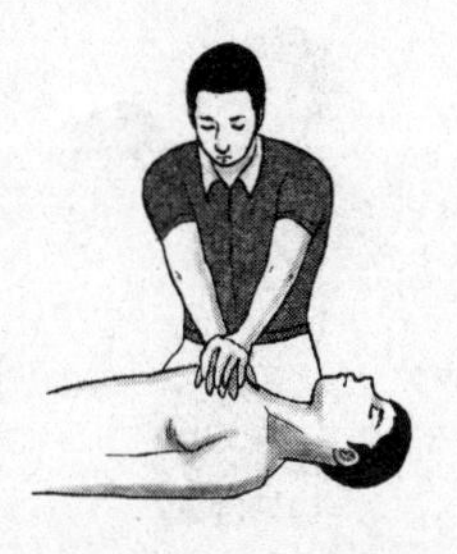
实施胸外心脏按压

应当注意，在抢救溺水的情形中，心肺复苏比控水更重要。大多数溺水者是因气管呛入少量水而呈“假死”状态，吸入肺中的水不易压出，进入胃部的水却与呼吸无关。如果溺水者呼吸、心跳都已停止，应立即清除其口鼻异物，争分夺秒采取人工呼吸、胸外心脏按压进行心肺复苏，切勿因为控水耽误时间。

1.6　气道梗阻的紧急救治

气道梗阻，是指误吸入异物到气管，严重时可在短时间内危及生命。对于气道梗阻者，最佳的救治办法是紧急自救。

1）成人气道梗阻的急救措施

成人发生气道梗阻，如果意识清楚，且能说话，可按以下步骤进行急救：

第 1 步　使患者处于坐姿，身体前倾，头处于相对低的位置，双手撑于腿上。

第 2 步　用手拍击患者两肩胛中间的部位，同时要求和鼓励其自主咳嗽。

第 3 步　如果前两步都未奏效，患者可能已不能呼吸，这时要使其站起来，施救者站在患者身后，一只脚叉于其两腿之间，另一

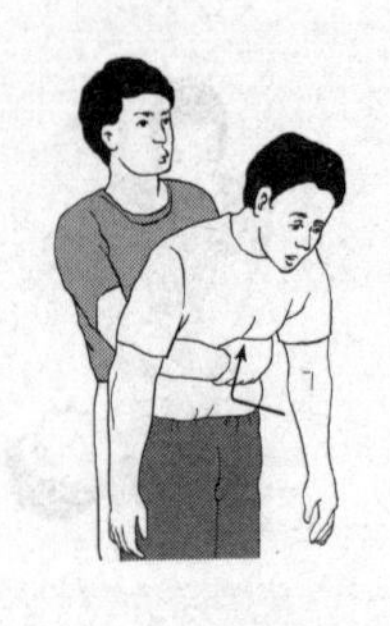
按箭头所示方向
实施身体冲击

只脚放在后面作为支撑。

第4步　伸手向前找到患者的肚脐，一只手握拳（注意将大拇指握进掌心），拳眼放在其腹壁上；另一只手抱住握拳的手，斜向后方冲击，直至异物被冲出来。注意，冲击的时候双肘要撑开，不要夹住患者的两肋。

如果患者为孕妇或特别肥胖，施救者难以环抱其腹部时，可改为胸部冲击法：两臂环绕患者胸部，一手握拳置于上胸部，另一只手握紧握拳的手，向正后方进行冲击。

如果发生气道梗阻时身边没有其他人可以提供帮助，可以尝试自我抢救。首先站在椅子或桌子角的背后，用椅背或桌子角挤压，着力的方向为后颈部，这样也能冲出梗在气道里的异物。

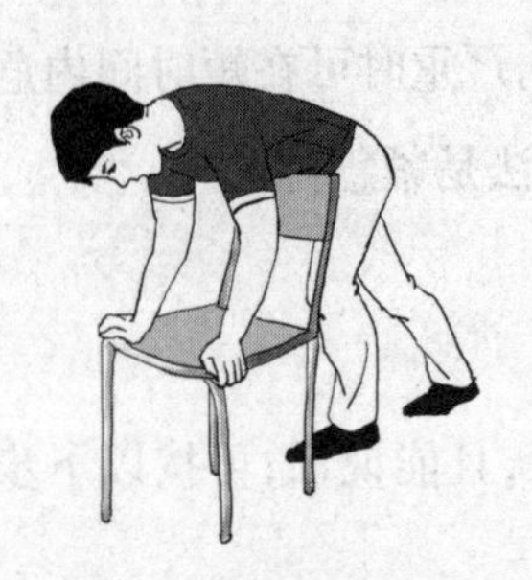
发生气道梗阻时的自我抢救

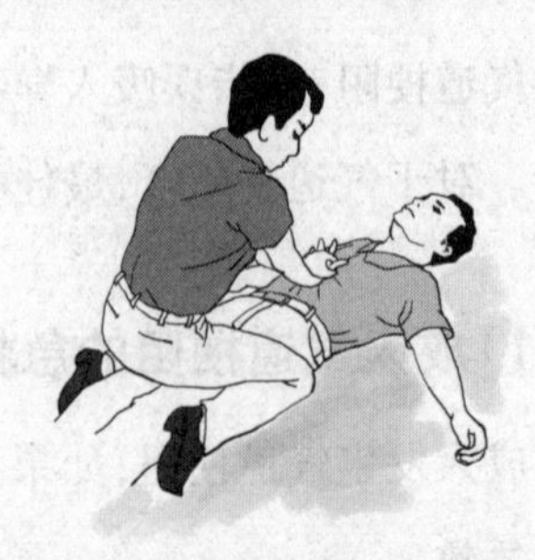
对丧失意识的气道梗阻者实施急救

如果患者在气道梗阻后已经丧失意识，应使其平躺，施救者跪立或跨骑于其髋部两侧，将一只手的掌根放在患者肋骨架的正下方，另一只手叠加在前一只手上，然后向前和向下推动施压，向病人的后颈部进行冲击，直到阻塞解除。

2)儿童气道梗阻的急救措施

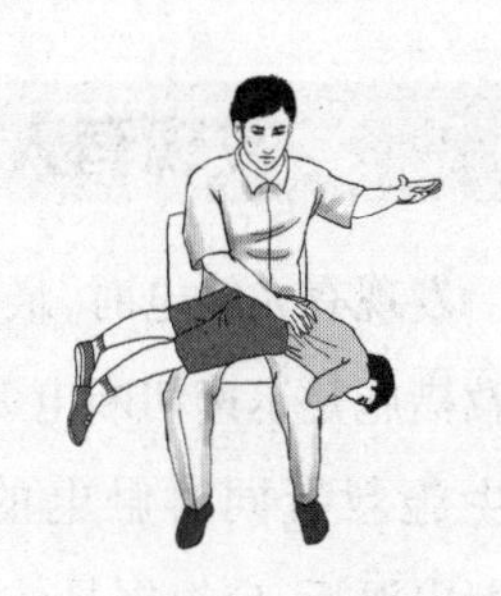

儿童气道梗阻的急救

施救者处于坐姿,使儿童俯趴在施救者的双腿上,身体自然下垂。施救者一只手扶住儿童,另一只手有节律地拍打其两肩胛间的位置。拍打过程中,若发现儿童开始咳嗽,则暂停拍打,查看异物是否已清除,若未清除则须继续拍打。

1.7 煤气(天然气)中毒的急救方法

发现有人煤气(天然气)中毒时,可按以下步骤施救:

第 1 步　打开窗户,迅速将中毒者移到空气新鲜处。如果中毒者情况严重,已陷入昏迷,应立即拨打急救电话。

第 2 步　解除一切影响中毒者呼吸的障碍:解开衣领、胸衣,松开裤带,清除口中异物。

第 3 步　对处于昏迷状态的中毒者,应适量为其灌服浓茶、汽水、咖啡等,阻止其入睡;与此同时,用热水袋或摩擦的方法保持其体温(对意识清醒的中毒者也可采取此措施)。

第 4 步　对于失去知觉的中毒者,还应将其放在平坦处,用纱布擦拭口腔,必要时应进行人工呼吸。待其恢复知觉后,应使其保持安静。

注意,即使中毒者呼吸、心跳都已停止,也要现场进行人工呼吸和胸外心脏按压,不能轻易放弃抢救。

1.8 发现有人触电怎么办

发现有人触电时，最首要的抢救措施是迅速切断电源，以防发生施救者同时触电的惨剧。切断电源后，应根据具体情况抢救伤者。应注意，切断电源或拨开电线时，施救者应穿上胶鞋或站在干的木板凳上，戴上塑胶手套，用木棍等不导电的物体挑开电线。

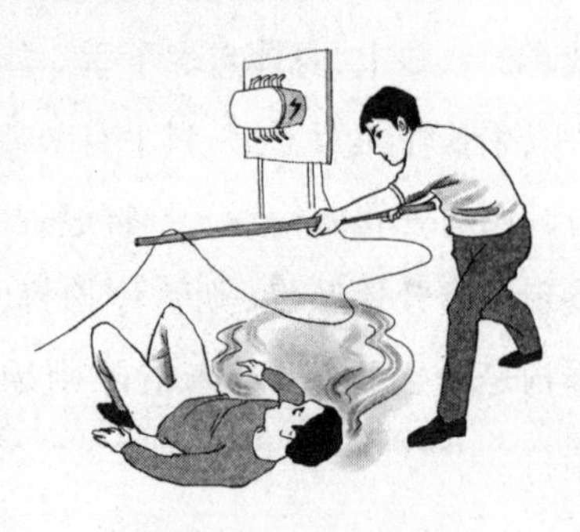

挑开电线的正确方法

抢救触电人员时，如果其呼吸、心跳都已停止，在拨打急救电话的同时，应立即做人工呼吸和胸外心脏按压。心肺复苏不能轻易停止，要一直等到急救医务人员到达，由他们采取进一步的急救措施。

1.9 烧烫伤时采取什么措施

造成烧烫伤的原因有多种，可根据具体情况采取不同的急救措施。

1）大面积火焰烧伤的急救措施

当发现有人身上大面积着火、烧伤时，可按以下步骤施救：

第1步 采取水浸、水淋、就地卧倒翻滚等措施尽快帮助伤者灭火，应阻止伤者直立奔跑或站立呼喊，以免助长燃烧，引起或加重呼吸道烧伤。灭火后，迅速脱去伤者衣服，如果衣服和皮肤粘在一起，可以先将未粘在一起的部分剪去。

第 2 步　为防止伤者休克和创面发生感染，可以给伤者口服止痛片和磺胺类药物（有颅脑或重度呼吸道烧伤时，禁用吗啡），或肌肉注射抗生素，并让其口服烧伤饮料或淡盐茶水、淡盐水等。给伤者饮水时，以多次饮、每次少饮为宜，如发生呕吐、腹胀等，应停止给水。切勿只给伤者喝白开水或糖水，否则易引起脑水肿等并发症。

第 3 步　为防止创面继续被污染，避免加重感染和加深创面，可使用三角巾、大块纱布、干净的衣服和被单等对创面进行简单而结实的包扎，手、足被烧伤时，应将各个手指、脚趾分开包扎，以防粘连。在火灾现场，可不对创面做其他特殊处理，不能挑破水泡和涂上有色外用药，以免后期影响医护人员对烧伤面深度的判断。

第 4 步　有出血现象的，应立即为伤者止血（出血严重的，应在采取其他急救措施之前先止血）；有骨折的，应立即将骨折处进行固定。

第 5 步　简易急救后，应迅速将伤者送往医院，搬运伤者时动作要轻柔、平稳，尽量减少伤者的痛苦。

2）小面积火焰烧伤和热液烫伤的急救措施

发生小面积火焰烧伤或热液烫伤后，最及时、科学的办法就是进行冷处理：将烫伤部位放在凉水中，或放在自来水下不断冲洗，即使起了水泡或是水泡破了也不要担心被感染，要继续冲洗，直至不用冷水冲洗时也感觉不到疼痛为止。如果周围没有凉水，可以用冰箱中一些冰冻的东西，如冰冻的啤酒瓶、饮料瓶、冻肉等，将其用塑料布或毛巾包好后，冰敷在创面上。

发生烧烫伤时，有些伤者利用香油、酱油、黄油、牙膏等抹在创面上，这些东西非但不能减轻疼痛或减少渗出，反而会加深创面，造成不良后果。正确的做法是在冷处理之后涂抹专门的烧伤膏药。

3）化学性烧伤的急救措施

对于酸、碱造成的化学性烧伤，早期应以大量的流动清水冲洗，而不一定要使用这种化学物质的中和剂。过早使用中和剂，会因酸碱中和反应产生热量而加重局部组织损伤。

4）电烧伤的急救措施

电烧伤分为两类：一类是电弧引起的烧伤，处理方法与火焰烧伤和热液烫伤相同；另一类是人体与电流接触引起的灼伤，也是真正的电烧伤，这类损伤通常比较严重，在脱离电源后应立即送往医院。

1.10 被动物咬伤后如何急救

被动物咬伤后，切勿疏忽大意，即使是被家养的宠物咬伤，也可能导致严重后果。被不同的动物咬伤后，应采取不同的措施进行急救。

1）猫狗咬伤的急救措施

即使是健康的猫狗，也可能带有致命的狂犬病毒。被猫狗咬伤时，狂犬病毒会从破损的皮肤处进入人体中，短的1~2个月就会出现狂犬病症状，如兴奋、恐惧、流口水、喝水不能下咽、听到水声或见到水即发生强烈的喉头痉挛等。狂犬病的潜伏期也可能很长，1～3 年，甚至 10 年、30 年也有可能。

被猫狗咬伤后，应立即用大量的肥皂水反复冲洗伤口，尽量减少病毒的侵入，然后立即到医院注射狂犬疫苗。

2）毒蛇咬伤的急救措施

被毒蛇咬伤后，一般在局部留有牙痕，伤口会疼痛和肿胀，还可见出血及淋巴结肿大等现象。蛇毒在 3～5 分钟内即可被吸收，故急救得越早越好。被毒蛇咬伤后切忌奔跑，宜就地包扎、吸吮、冲洗伤口后速到医院治疗。毒蛇咬伤的急救步骤如下：

第 1 步　在咬伤肢体近侧 5～10 cm 处用止血带或橡胶带等绑扎近心端，以阻止静脉血和淋巴液回流，然后用手挤压伤口周围或口吸（切勿吞咽，口腔黏膜破溃者忌吸），将毒液排出体外。

第 2 步　先用肥皂水和清水清洗伤口周围皮肤，再用干净水、生理盐水或 0.1% 高锰酸钾溶液反复冲洗伤口。

第 3 步　先将伤肢浸于 4～7 ℃的冷水中 3～4 小时，然后改用冰袋冰敷，减少毒素吸收速度，降低毒素活力。

第 4 步　咬伤不足 24 小时的，可以牙痕为中心，呈“十”字形或“十十”形切开伤口（切口不宜过深，以免损伤血管），使毒液流出，也可用吸奶器或火罐吸吮毒液。若有蛇牙残留，宜立即取出。

第 5 步　可内外使用成品蛇药，也可用半支莲 60 g、白花蛇舌草 60 g、七叶一枝花 9 g、紫花地丁 60 g 煎水，内服外敷。

3）蜈蚣咬伤的急救措施

被蜈蚣所咬的伤口是一对小孔，毒液流入伤口后，会出现局部红肿、疼痛、发麻等症状。被蜈蚣咬伤后的急救步骤如下：

第1步　因蜈蚣的毒液为酸性，可立即用肥皂水、小苏打水等碱性水溶液为伤者冲洗伤口，以中和毒液。

第2步　对伤口进行包扎，包扎伤口时不需要用碘酒或红汞涂抹伤口。

第3步　若伤口处疼痛剧烈，可酌情给予口服止痛片，也可用蛇药内服或外敷。

第4步　若伴有全身毒血症症状，如头痛、头晕、发热、呕吐等，应尽快到医院进行处理。

4）蝎子蜇伤的急救措施

蝎子的尾部有一个尖锐的钩，与一对毒腺相通，蝎子蜇人时，毒液即由此流入伤口。蝎毒毒性较大，伤者症状会比较严重，如局部剧痛、红肿、发麻，甚至失去感觉，伤口周围发黑、起水疱，还伴有头晕、心慌、出虚汗等全身症状，严重者可能引起休克。蝎子蜇伤的急救步骤如下：

第1步　用绷带、止血带、布条等绑扎在伤口近心端，同时用镊子或针头小心挑去伤口中留下的毒钩，用吸奶器或火罐吸出毒汁。

第2步　用碱性液体（如3%的苏打水或1∶5 000的高锰酸钾溶液）清洗伤口。

第3步　伤口清洗干净后，将蛇药调成糊状，在距伤口2 cm处环敷一圈，切勿使药物进入伤口；或将明矾研碎，用浓茶或烧酒调成糊状，涂敷伤口。

第4步　包扎伤口。

若伤口周围红肿，可进行冷敷；让伤者多喝水，以利排毒。若疼痛严重时，可适当给予止痛片。若出现全身症状，应立即送往医院抢救。

5）蚂蟥叮咬的急救措施

夏季在水田作业或在水塘、浅水河中游泳时，容易遭蚂蟥叮咬。蚂蟥虽然无毒，但蚂蟥叮咬易使皮肤损伤，发生出血感染。蚂蟥用其吸盘吸附在人体皮肤上，逐渐深入人体内，其咽部分泌的液体有抗凝血作用，故咬伤后伤口出血较多。

被蚂蟥叮咬时的急救措施如下：当蚂蟥吸附人体皮肤时，可用手掌或鞋底在吸附的周围用力拍击，蚂蟥的吸盘和颚片会自然放开；在蚂蟥身上撒些食盐或滴几滴盐水，蚂蟥也会立刻收缩脱下；也可用肥皂水或醋涂在蚂蟥身上，或用烟头烤一下，使其自然松弛脱落。切勿用力拔蚂蟥。

蚂蟥脱落后，可用5%～10%的碳酸氢钠溶液冲洗伤口，涂以碘酊，防止感染。如血流不止，可用碳酸氢钠粉敷在伤口上。

6）蜂蜇伤的急救措施

蜂尾的毒刺刺入人体，其毒汁进入皮肤之后，会引起局部或全身的中毒反应。局部可出现淤点、红肿、水疱、风团、剧烈疼痛或剧痒等症状，蜇伤部位常有毒刺遗留。多次被蜇伤或被群蜂同蜇，可引起大面积肿胀，或伴有全身中毒症状，如头痛、头晕、发热、恶心等症状，严重时会导致组织坏死。若被大黄蜂（俗称马蜂）蜇伤，因其毒性强，可引起昏迷、抽搐、休克等症状，甚至使心脏及呼吸麻痹而死亡。蜂蜇伤的急救步骤如下：

第 1 步　被蜂蜇伤后,应立即拔出皮内毒刺,用吸奶器或火罐吸出毒汁。紧急时可用手将四周皮肤捏起,把毒汁挤出,或用嘴吸出(切勿吞咽,口腔黏膜破溃者忌吸)。

第 2 步　用肥皂水或3% ~5%的小苏打水清洗伤口。若为黄蜂蜇伤,因其毒液为碱性,可用醋冲洗并用冰袋外敷,之后涂抹地塞米松霜或3%的淡氨水,有止痛作用。除按上述方法处理局部外,因黄蜂毒汁进入人体可引起皮肤变性坏死,还可能引起内脏损害,应及时送伤者到医院治疗。

1.11　食物中毒后如何急救

食物中毒多因缺少基本营养知识而造成,在日常生活中,了解膳食的营养成分、营养结构和食物中毒应急处理的基本知识非常重要。以下为常见食物中毒的急救措施。

1)豆角中毒的急救措施

豆角为人们所普遍食用,但是,如果食用了未熟透的豆角,极易引起食物中毒。中毒者食后半小时至 3 小时,最长 15 小时内会出现恶心、呕吐、腹痛、头晕、头痛等症状,少数人还会出现胸闷、心慌、出冷汗、手脚发冷、四肢麻木、畏寒等症状。豆角中毒一般病程短、恢复快,当发生中毒时,通常无须治疗,吐泻之后会迅速自愈。吐泻严重者可对症治疗,有凝血现象者,可给予低分子右旋糖酐、低分子肝素钙等。

2)亚硝酸盐食物中毒的急救措施

导致亚硝酸盐中毒的食物和途径有:

(1)食用存放太久的蔬菜、腐烂蔬菜及放置过久的煮熟蔬菜。此类蔬菜中的硝酸盐在硝酸盐还原菌的作用下会转化为亚硝酸盐。

(2)刚腌制不久的蔬菜含有大量亚硝酸盐,一般腌制20天后亚硝酸盐才会消失。

(3)有些地区的饮用水中含有较多的硝酸盐,用该水煮食物,再将食物放在不洁容器中放置过夜后,硝酸盐在细菌的作用下可还原为亚硝酸盐。

(4)腌肉制品中可能加入了过量的硝酸盐和亚硝酸盐。

(5)奶制品中含有枯草杆菌,可使硝酸盐还原为亚硝酸盐。

(6)食用盐和亚硝酸盐在外观上并无区别,如果误将亚硝酸盐当做食盐加入食物中,也可导致中毒。

(7)食用蔬菜(尤其是叶菜类)过多时,大量硝酸盐进入肠道,如果肠道消化功能欠佳,肠道内的细菌可将硝酸盐还原为亚硝酸盐。

亚硝酸盐中毒发病急速,潜伏期仅为1~3小时。中毒的症状主要是由于组织缺氧引起的紫绀现象,如口唇、舌尖、指尖青紫,严重者眼结膜、面部及全身皮肤青紫。除此之外,还伴有头晕、头疼、乏力、心跳加快、嗜睡或烦躁、呼吸困难、恶心、呕吐、腹痛、腹泻等症状,严重者会有昏迷、惊厥、大小便失禁等症状。

轻度的亚硝酸盐中毒一般不需要治疗,较重者应当催吐、洗胃和导泻。解毒治疗可用静脉注射或口服1%亚甲蓝溶液,另需给予大剂量维生素C和葡萄糖。

3)鱼胆中毒的急救措施

鱼胆中毒时,中毒者会有恶心、呕吐、上腹部疼痛、腹泻、稀水便或糊状大便等症状，中毒者的肝脏会出现肿大、触痛、黄疸、肝功能异常等症状，严重者有腹水，甚至发生昏迷等。食后 1 ~ 3 天内可发生肝脏损害，症状为全身浮肿、少尿、血压升高，严重者可发生尿闭甚至尿毒症。食用鱼胆 3 天之后会发生肾脏损害，严重中毒者可发生急性溶血、便血以及皮肤出血点，部分中毒者伴有头痛、低热、嗜睡、四肢发麻、眼球震颤等症状，严重时可发生抽搐甚至昏迷。

鱼胆在胃内停留的时间较长，应给予中毒者洗胃等排毒措施。

4）生豆浆中毒的急救措施

生大豆中含有一种胰蛋白酶抑制剂，进入机体后会抑制体内胰蛋白酶的正常活性，并对胃肠有刺激作用。食用生豆浆或未煮开的豆浆后数分钟至 1 小时，会出现恶心、呕吐、腹痛、腹胀、腹泻等胃肠炎症状。生豆浆中毒和豆角中毒类似，一般无需治疗，很快可以痊愈。

5）蘑菇中毒的急救措施

不同蘑菇所含的毒素不同，引起的中毒表现也各不相同，一般可分为以下几种类型：

● 胃肠炎型　一般在食后 10 分钟至 2 小时内发病，少数中毒者的潜伏期达 6 小时，症状为无力、恶心、呕吐、腹痛、水样腹泻等。

● 神经精神型　进食后 10 分钟至 6 小时内，除出现胃肠炎型症状外，还有瞳孔缩小、多汗、唾液增多、流泪、兴奋、幻觉、步态蹒跚、心率缓慢等症状，严重者有谵妄、呼吸抑制等表现。

● 溶血型　潜伏期为 6 ~ 12 小时，除胃肠炎表现外，还有溶血表现，可出现贫血、肝脾肿大等。

• **多脏器损伤型** 进食后10～30小时内出现胃肠炎型表现，部分中毒者可发生假愈，然后出现肝、脑、心、肾等多脏器损害，以肝脏损害最为严重。部分患者可能有精神症状。

发生蘑菇中毒时，要及时到医院治疗，及时催吐和给予洗胃，配合专业人士查出中毒种类，以利对症治疗。

1.12 被困后如何获得空气

地震、火灾、崩塌等突发事件容易使人被困在一个狭小空间里，被困后切勿急躁，应沉着冷静，按所处环境不同设法获得空气。

1) 扩大空气来源，减小氧气消耗

如果在地震等灾害中被埋压，可能会发生昏迷，一旦清醒过来，要慢慢活动头、手、脚及身体能动的部位，切忌无目的地大喊大叫，以免消耗过多氧气和精力；然后，要清理口鼻、面部的泥土，保持呼吸畅通；接下来，设法避开身体上方不结实的倒塌物、悬挂物或其他危险物，搬开身边可搬动的杂物，扩大活动空间，搬不动时，切勿勉强，以防进一步倒塌，设法用砖石、木棍等结实物支撑残垣断壁；感到憋气时，可贴近那些有光的缝隙吸气，发现吸气条件特别好的缝隙时，可设法将它扩大，以保证空气来源。

2) 确保呼吸空间，等待救援

如果在地下商场深处或在高楼中被毒气、烟火等包围而不能迅速脱身时，可以集中全力保护一个密闭房间以求生。具体做法

是:关上门窗,用布条等物体塞住门缝,以提高房间的气密性;将水不断浇在毒气或烟火袭来一侧的墙、门、窗上,以提高房间的耐火性;收集食物和饮水,不喊叫,不点明火,保持镇静,减少氧气消耗;用密封桶、塑料袋封存废物、粪便等,以免臭气干扰;探索传出信息、对外求救的方法。一般来讲,一个人在 1 m^3 的封闭空间内可以生存 2 小时左右。

3)逃离缺氧环境

当呼吸环境被破坏时,如果手脚自由,且找准了逃生方向,应尽可能逃离缺氧环境。逃生时,可用湿毛巾捂住口鼻,放低身体,憋足气,快速通过。一般来讲,憋一口气可以跑两层楼或几十米的通道,或者通过几间浓烟密布的房间。憋气时间越长,逃离缺氧环境的可能性就越大。

1.13 被困后如何获得饮用水

灾害中,城市水源可能被破坏、污染,当没有干净水时,可设法自制清洁饮用水。

- 方法 1　将污水装在一个容器内,加入消毒片、明矾或漂白粉等搅拌,等其澄清后,过滤即得干净水。

- 方法 2　将污水装在一个容器内,将仙人掌、霸王鞭等砸碎后放在污水中搅拌,等其沉淀后,过滤即得干净水。

- 方法 3　用塑料布大面积收集雨水,或用塑料布包裹大叶树枝收集蒸发水。

- 方法 4　紧急情况下,喝动物的血或自己的尿液也可以

解渴。

以上方法并不限于使用一种，在有条件的情况下，可以综合使用，最大可能地充实水源。

如果是在被埋压的情况下缺水，喝水要慢而少，仅湿润口腔、咽喉即可；即使有丰富的食物来源，也要少吃脂肪、蛋白质含量高的食物，以减少消化食物对水的要求；吮吸菜叶、菜根也能起到止渴的作用；呼吸潮湿空气、口触墙壁、舔食露珠也能延长生命。

1.14 怎样保存食物和水

在战争中，如果你所在的城市遭受到核生化武器的袭击，势必造成大面积的污染，在这种情况下，保存干净的食物和水特别重要。

1）食物的保存

低温密闭存放是行之有效的方法，但要经常检查，注意防潮、防虫。可用塑料袋密闭存放，或用密实的织物、布带等密封，采用两层包装，取用时解开外包装，翻叠外袋口，再解开内袋，这样可以防止污染尘埃进入袋内；也可用罐头盒、玻璃容器、塑料盒等密封包装，存放在防空洞、山洞、地道、车库等地，以避免空袭等危害因素的影响。

所有采用以上包装的食物都要求做到分品种包装、分类包装和小袋包装，以一人一包或一家一包，一次吃完为度，即使吃不完也应丢弃，切勿再次包装后留到下次食用。

2) 饮水的保存

用水缸、水桶密封存放饮水时，要加盖或用双层塑料膜罩严存放。启用时，应先拭去外层尘埃，再开封取水；有水井的地方，同样应加盖，并覆盖一些泥土在盖子上，水井的手压泵也要用密封材料包好，取水时才开封使用。注意将饮用水和非饮用水分别保存，饮用水尽量采用小包装。

2 家居突发事件预防指南

2.1 家庭生活中如何防止烧烫伤

烧烫伤在家居生活中十分常见，一般是由于不慎将热水、热油与皮肤接触或者皮肤被火焰燎烤所致。为防止烧烫伤，我们可从以下方面加以注意：

(1)将烧水壶、油锅从燃气灶上移开时，壶提、锅把可能因直接或间接受热而处于高温状态。此时，应戴上隔热手套或使用棉布隔垫，避免直接接触。烧水壶、油锅移开后，要放在不易被家中其他人(尤其是小孩)碰到的位置。

(2)食用油是可燃的，烹饪时，锅中的油可能因温度过高而起火。此时，千万不要惊慌，应尽快用锅盖将锅盖上，将油锅移离燃气灶或熄灭燃气灶。此外，坐锅热油时，要防止将水溅到热油中，热油遇水会飞溅起来，易烫伤周围的人。烹饪过程中，家长尽量不要让年龄较小的孩子在周围玩耍。

(3)水蒸气遇到皮肤会冷凝(液化)，此过程中会释放热量，因此，被沸点状态的水蒸气烫伤比被温度相同的沸水烫伤更严重。当水或汤处于沸腾状态时，揭开壶盖(锅盖)之前，应打开抽油烟机或排风扇，不要一下子揭开壶盖(锅盖)，应先揭开一个缝，确认水蒸气喷出的方向不会直接冲向手、手臂、脸和身体其他皮肤后，再慢慢揭开。将食物用保鲜膜覆盖后放入微波炉加热，揭开保鲜膜时也需注意，切勿被热气烫手。

(4)电熨斗、电暖器等发热的电器会使人烫伤，在使用过程中应特别小心，不要随便触摸发热面。

(5)在家中洗澡时，放水后，不要直接淋浴或泡浴，应先用指尖测试温度。如果放出的热水中蒸气密度过大，说明水温较高，应加大冷水比例后再用指尖测温，待水温合适后再进行淋浴或泡浴。

如不慎被烧伤或烫伤，切勿慌张，可按1.9节中的方法进行急救。

2.2 高压锅的安全使用

高压锅又叫压力锅，其原理是通过加大气压的方式提升水的沸点，从而缩短烹调时间，为家庭生活带来方便，但其高温、高压的特点也是容易引发危险的因素，因高压锅使用不当而炸飞锅、烫伤人的事情时有发生。安全使用高压锅，可从以下几方面加以预防：

(1)选购高压锅时，一定要选择口碑良好、质量可靠、安全性能高、售后服务齐全的厂家；应根据自己的家庭情况，选择容量合适的高压锅；第一次使用高压锅前，一定要认真阅读使用说明书。

(2)每次使用高压锅前，都要检查锅盖上的限压阀排气孔是否畅通；每次使用后，都要清洗防堵罩、安全阀(易熔片孔)。

(3)使用高压锅烹煮食物时，食物和水的高度不应超过锅容量的3/4；如果带有易于膨胀的食物

(如豆类、海带等),则不应超过锅容量的1/2。

(4)密切控制火候,火力不宜太大。当限压阀排气孔开始冒气时,应调小火候继续烹煮。烹煮过程中,切忌长时间离开高压锅,如果错过调整火候的时机,可能导致食材沸腾上扬,堵死限压阀排气孔和易熔片孔,使锅内压力过大、温度过高而发生事故。

(5)烹煮结束后,在打开锅盖之前,要采用自然冷却或用冷水强制降温,然后缓缓提起限压阀盖,听到"嘶——"的排气声,等锅内压力全部排泄完,才能慢慢打开锅盖。

(6)应注意高压锅的使用年限。按厂家规定,高压锅安全使用年限一般为8~10年,超过年限的高压锅只能作为普通锅使用。

如果因使用高压锅而发生事故,切勿慌张。如果发生烫伤,可按1.9节中的方法进行急救。

2.3 刀具的安全使用

在日常生活中,经常会用到菜刀、斩刀、水果刀、剪刀等。刀具以其锋利、尖锐的特点为我们的生活带来便利,但如果使用不慎,也会造成伤害。使用刀具时应当注意:

(1)针对不同的对象,选取合适的刀具。比如,不应用切刀代替水果刀削果皮,不应用剪刀代替指甲刀剪指甲。刀具选取不合适,可能对自己造成误伤。

(2)正在使用刀具时,注意力要集中,身体其他部位最好处于相对静止的状态,以免破坏手部的协调;不要一边走路一边削水果等。

(3)切勿用刀具比画、打闹、互相开玩笑,以免误伤别人或自己。

(4)刀具不使用时,宜妥善放置,刀尖或刀刃不应突出、暴露在经常有人路过的地方。家里有小孩的,刀具应放在小孩接触不到的地方。

如果因使用刀具不善而导致割伤、流血等,可按1.1节中的方法进行急救。

2.4 天然气的安全使用

天然气是城镇居民使用得最为广泛的燃气,是我们生活中不可缺少的能源。与此同时,天然气具有透明性和易燃易爆性,是家居生活中最容易酿成较大事故的因素之一。

天然气的主要成分是甲烷。甲烷具有无色、无味、可燃的特点,它对人体无生理伤害。但是,当空气中甲烷浓度达到10%及以上时,可使人窒息死亡;达到5%~15%及以上时,遇到火源可产生爆炸。安全使用天然气,最重要的是防止天然气泄漏,我们可了解一些相关知识,以便更好地保护自己和家人。

(1)装修房屋时,宜保持室内天然气设施的原始安装状态,勿因改变厨房结构而拆除、迁改和覆盖天然气设施。万不得已需要改动的,务必联系、咨询当地供气管理单位,切忌使天然气管道经过卧室。

(2)业主进驻装修之前,楼宇的天然气安装工程一般已验收完毕,住户气表前的管道内已经有天然气,切勿私自开通或拆卸天然气设施,如需开通,应联系当地供气管理单位。不符合安全要求的,应及时整改。

(3)选购天然气器具(如燃气灶、取暖炉、热水器等)时,应到正规商家,购买口碑良好、质量可靠、安全性能高、售后服务齐全的产品。

(4)天然气器具应由专业人员进行安装和调试,应安装在有足够空气但不易被风吹到的地方。不宜安装在隐蔽处,四周不应放置易燃易爆物。安装时需加接软管的,软管不得弯折、拉伸,不宜跨过门窗。

(5)用户应仔细阅读天然气器具产品说明书,严格按照说明书的要求进行使用。

(6)在日常生活中,有很多原因都可能导致天然气泄漏,我们不妨加以了解:

①燃气灶点火失败,可能致使未燃烧的天然气泄漏。老式的使用人工点火的燃气灶,在点火时,要坚持"火等气"的原则,即先将火源凑近灶圈,然后再开启气阀,如果点火失败,应及时关闭气阀后重新点火。

②老鼠属于啮齿类动物,其门齿不断生长,需要啃咬硬物来磨损牙齿,天然气软管可能成为它的选择,一旦软管被咬破,便会造成天然气泄漏。因此,家中如果有鼠患,一定要引起重视,及时消除。此外,家中如果饲养有猫、狗等宠物,应教习它们用指定的物品进行磨牙,以免除事故隐患。

③使用燃气灶煮饭或烧开水时,炉火可能因锅内汤水沸腾漫出锅沿而浇灭,也可能被风吹熄,如果不能及时关闭燃气灶,可能造成天然气泄漏。现在市面上的许多燃气灶已采用自动断气技术,即火焰熄灭后会在几秒钟时间内自动切断天然气,我们在选购燃气灶时应注意了解。

④在天然气器具使用过程中，如果突然发生供气中断而未及时关闭器具和总阀，恢复供气时可能造成天然气泄漏。

⑤在天然气管道上拉绳、悬挂物品或施以其他外力，可能使管道接口松动，从而造成天然气泄漏。

⑥随着使用年限的增加，可能因天然气管道腐蚀，气表、阀门、接口、天然气器具损坏而造成天然气泄漏。

导致天然气泄漏的原因无法在此尽述，但其根本原因都是管道、接口、阀门、气表以及天然气器具被破坏或自然老化，在生活中，我们应提高警惕，防微杜渐。

(7)虽然天然气是无色无味的，但天然气中混合有少量刺鼻的硫化氢气体，如果在家中闻到臭鸡蛋气味，可判断为天然气泄漏。另外，使用肥皂水或混合有洗涤剂的水为管道除污时，如果管道表面有连续冒泡现象，表明此处漏气。

(8)天然气泄漏较轻微的，应及时关闭家中天然气总阀，注意开窗透气，向提供天然气器具的厂家或当地供气管理单位报修，等待专业人员上门处理。天然气泄漏较严重的，可先用湿毛巾捂住口鼻，再去关闭总阀、打开门窗透气，期间切忌开关任何电器和打接电话，以免产生微小电火花，导致爆炸；及时疏散家中人员，通知可能受到威胁的邻居，阻止无关人员靠近；撤离到安全的地方后，再打电话报修或报警。

(9)睡觉或出远门之前，应关闭天然气总阀。

如果不慎发生天然气中毒，可按1.7节中的方法进行急救。

2.5 如何做到安全用电

电是人类最伟大的发明之一，电灯、电视、冰箱、洗衣机、空调……如果没有这些电器，我们的生活将变得很不方便。但是，如果不能做到安全用电，将对我们的生命财产构成巨大威胁。怎样才能做到安全用电呢？以下是一些基本的安全用电常识。

(1)装修房屋时，应遵循相关标准，聘请具有资质的施工队伍进行电气施工，使用合格和规格正确的电气材料，在墙面预留足够的插座，以免在生活中过多地使用插线板，或使一个插座负载过重。不要随意拆卸、安装电源线路、插座、插头等。应当知道自家电源总开关的位置和操作方法，以便紧急情况下拉下总闸。

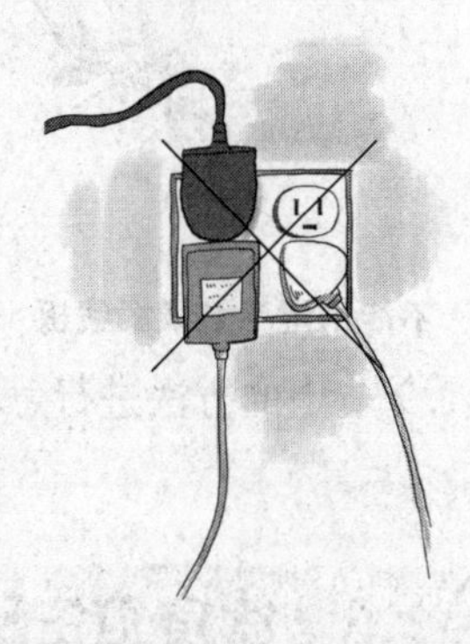

勿使插座负载过重

(2)购买电器、插线板等，应当选择正规厂家的具有安全保障的产品；使用电器之前，要认真阅读产品使用说明书。

(3)电器、插线板使用完毕后，应及时关闭电源并拔掉插头，如果要出远门，应将电源总闸拉下。

(4)插拔电源插头时不要用力拉拽电线，以防止电线的绝缘表皮受损，造成漏电。电线绝缘皮剥落时，应及时用绝缘胶布包好；受损严重的，要及时更换新线。

(5)避免在潮湿环境(如浴室)中使用电器，更不能使电器被淋湿；不要用湿手触摸或用湿布擦拭电器、插线板、电线等；不能用手指或其他物体(如铁丝、钉子之类的金属制品)去接触、试探电源插座内部。

(6)安装灯泡时，先关掉电源、拔掉插头，然后才能拆下旧灯泡。新灯泡安装完毕后，才能插上插头和通电。

不能用湿手触摸插线板

(7)电器在使用过程中会发出大量热量,不要将纸张、棉布等易燃物品放在电器周围,以免发生火灾;如果发现有冒烟、火花现象或闻到焦煳异味,应立即关掉电源开关,停止使用,打电话给相关厂家报修。

一旦发生触电、烧伤,可按1.8节、1.9节中的方法进行急救。

2.6 饮食卫生及食物中毒的防治

我们每天都要吃进大量的东西,除了一日三餐,还有水果、零食等。常言道“病从口入”,如果不讲究饮食卫生和禁忌,很容易导致肠道等方面的疾病,甚至发生食物中毒。我们可从以下方面来加以预防:

(1)保证饮食卫生和预防食物中毒,首先要做好家居环境的清洁卫生,尤其是要保证厨房环境和炊具的卫生,这样才能减少病菌、病毒的传播。

(2)养有宠物的家庭,要定期给宠物洗澡消毒,宠物使用的餐具要和人使用的分开,宠物的粮食也要和人食用的分开保存。

(3)我们的双手每天干这干那,接触各种物品,时刻都可能沾染看不见的病菌、病毒和寄生虫卵。准备吃东西之前,尤其是直接用手拿食物之前,必须用肥皂或洗手液等认真洗净双手。擦手的毛巾一定要专用,并定期换洗。

(4)生吃的瓜果一定要洗干净后才能入口。瓜果蔬菜在生长过程中可能沾染病菌、病毒和寄生虫卵，还可能残留有农药、杀虫剂等。清洗瓜果，可以使用专门的果蔬清洗剂，也可以用食盐在沾湿的瓜果表面搓洗，再用清水冲洗干净。

生吃瓜果一定要洗干净

(5)不要随便食用来路不明的食物，比如野生菜、果、菌，不知名的鱼、贝类等，这些东西可能含有对人体有害的毒素，缺乏经验的人很难辨识。另外，病死动物的肉也是不能食用的。

(6)自来水不能直接饮用。家里安装了专业水过滤设备，能够达到直饮水标准的，可以直接饮用。喝烧开后的水最安全。

(7)应在正规超市、菜市、摊铺购买食品。有包装的食品，应检查其认证标志及保质期，切勿购买霉烂变质或颜色过于光鲜的食品。

(8)生食和熟食应分开保存；切生食和切熟食的菜刀、菜墩应分开。烹煮食物时最好彻底煮熟，少吃生的或半生的河鲜、海鲜和肉类，肠胃敏感的人不要吃生食或半生食。

(9)食物最好是现做现吃，没吃完的食物要小心保存，防止各类昆虫的污染；食物再加热时，一定要彻底；腐烂、变质、长期放置的食物不宜再食用。

(10)有些相克的食材不适合混合在一起烹煮或同时食用，轻则引起身体不适，重则导致食物中毒甚至死亡。我们经常吃到的食物中，以下食物不能同食：

鸡蛋与糖精同食，可导致中毒甚至死亡。

豆腐与蜂蜜同食，可导致耳疾，严重者可致耳聋。

海带与猪血同食,可导致便秘。

土豆与香蕉同食,可导致雀斑生成。

牛肉与红糖同食,可导致腹胀。

狗肉与黄鳝同食,可导致中毒死亡。

羊肉与田螺同食,可导致积食腹胀。

芹菜与兔肉同食,可导致脱发。

番茄与绿豆同食,可伤身体元气。

螃蟹与柿子同食,可导致腹泻。

鹅肉与鸭梨同食,可伤及肾脏。

洋葱与蜂蜜同食,可导致眼疾。

甲鱼与苋菜同食,可导致食物中毒。

皮蛋与红糖同食,可导致呕吐。

人参与萝卜同食,可导致食积滞气。

白酒与柿子同食,可导致心闷。

不论是自己食物中毒还是身边的人食物中毒,都不要慌张,可按1.11节中的方法辨别中毒种类和解毒。

2.7 怎样避免陌生人闯入家中

当我们独自在家时,要注意避免陌生人进入家门而发生意想不到的危险,家中有小孩的尤其要注意。

(1)独自在家时,要锁好进户门、防盗门和不安全的窗户。所谓不安全的窗户,是指由于楼宇设计的原因,十分便于他人从户外或隔壁进到屋内的窗户,为预防起见,应为其加装防护栏。

(2)不应邀请不熟悉的人到家中做客,以防止给坏人可乘之机。

(3)如果有人敲门,应先从门镜观察或隔门问清楚来人的身份,如果是陌生人,不应开门;如果有人以推销员、修理工等身份要求开门,可以说明家中不需要这些服务;如果有人以家庭其他成员的朋友或远房亲戚的身份要求开门,不可轻信,应给家中其他成员打电话进行确认。

问清楚来人的身份后才能开门

(4)如果来人不肯离去,坚持要进入室内,可以声称要打电话报警,或者到阳台、窗口高声呼喊,向邻居、行人求援,以震慑迫使其离去。

3 户外(外出)突发事件预防指南

3.1 雷雨天如何躲避雷电袭击

雷电是带有不同电荷的云层相碰撞而产生的一种放电现象,碰撞发生在哪里,雷电就发生在哪里。夏季是雷电频发期,大雨、暴雨多伴有强烈的放电现象,如果击中人或建筑物,会造成严重的人员伤亡和财产损失。我们可从以下方面来预防雷电袭击:

(1)很多建筑物都安装了避雷设施,雷电发生时,停留在避雷设施完好的建筑物里是安全的,请勿冒险外出;应将门窗关好,拔掉电冰箱、电视机等家用电器的电源插头,不使用淋浴洗澡;切忌停留在电灯的正下面,切勿依靠柱子、墙壁、门窗。

(2)若在户外遭遇雷雨,应远离山顶、高塔、电线杆、广告牌,远离供电、输电线路和设备,不要靠近铁轨、金属栏杆、气罐等,不要站在高大建筑物和突出的岩石、悬崖、大树、电线杆下面躲雨,不要在空旷的野外停留,应尽快寻找安全的地方躲避。若无处躲避,可蹲在低洼处,双脚并拢,人数较多时,切勿相互挤靠。如果不得

以要蹲在大树旁,距离大树至少应有3米。

户外避雷

(3)如在空旷的场地,切忌狂奔,不要使用金属柄雨伞(最好是不使用雨伞),不要把金属物品扛在肩上,摘下带有金属的眼镜、手表、皮带等。

(4)在雷雨天气里,不宜开摩托车和骑自行车,短时间内停留在公交车或轿车里是相对安全的,但还是应当尽快寻找安全的固定场所进行躲避。

(5)遇到雷雨天气,不要停留在宽阔的水域或小船上,应尽快停止游泳等水面活动,迅速上岸、穿鞋、擦干身体。

(6)在雷雨天气里,不论是在室内或户外,都不宜打接有线或无线电话。在室内如需与外界通话,宜选用座机,并使用"免提"功能进行通话。

3.2 电梯的安全使用

电梯可以载人或载物上下,使我们免去了走楼梯的辛苦。常见的电梯分直梯和扶梯。

(1)如果是乘坐扶梯,乘梯时间较短,空间开阔,相对来说是比较安全的,但仍须注意以下事项:

①切忌逆行乘坐扶梯,不要在扶梯上打闹、玩耍、跳动。

②不要将头、手或身体的其他部分伸到扶梯以外的地方,以免与扶梯外的物体发生碰撞。

③乘坐扶梯时，注意力应相对集中，及时上梯和下梯。电梯下行时，双脚要完全站在某一层阶梯上，如果脚趾是外露的，下梯时可能被夹伤。

④如果不需赶时间，乘梯过程中应靠右站立，将手放在扶手履带上，将左边留出一条通道，供有紧急需要的人快速通过。

⑤不要在扶梯上乱扔烟头、果皮等，以免卡住扶梯，影响安全。

⑥扶梯停运、检修期间切勿强行通过，请勿随意抚摸扶梯两侧的按钮。

⑦一般不使用扶梯运载过大、过重、易燃的物品，确实有需要的，应先征得扶梯管理人员的同意，在其协助下进行。

⑧小孩或心脏病、高血压患者，应在有人陪同的情况下乘坐扶梯。

⑨发生火灾、地震等灾害事故时，严禁乘坐扶梯。

(2)直梯的轿厢是封闭的，而且是在一个狭长的垂直空间里运行，如果发生事故，后果比较严重。乘坐直梯有以下注意事项：

①按照先出后进的原则，有序进出电梯轿厢。如果电梯门即将关闭但仍未进出，电梯外的人员可按呼梯按钮(即“上”、“下”按钮)，电梯内的人员可按下开门按钮，使电梯门重新打开，不宜将手或身体其他部分伸入门间隙。

②使用电梯搬运较重物品时，应注意不要超载，应将物品均匀地放置在轿厢内；搬运较长的物品时，应通知电梯管理人员，请其现场给予协助；严禁使用电梯运载易燃、易爆物，若遇特殊情况，需经电梯管理部门同意，采取必要的安全措施，在电梯管理人员的协助下方可进行。

③如遇电梯发出超载信号，不应强行进入，已经进入电梯的人员应按后进先出的原则自觉退出轿厢外，等候下一班电梯。

④乘坐电梯时，严禁在轿厢内打闹、玩耍、跳动、相互拥挤，不应将身体靠在电梯门上，禁止撬、撞门。等候电梯时，严禁在电梯门口玩耍，尤其不要背靠电梯门。

发生火灾、地震时
严禁乘坐电梯逃生

⑤遇到电梯有异常，如电梯门开关不灵、轿箱内无照明、运行有异响等，切勿乘坐电梯，应及时通知电梯管理人员。

⑥如遇停电或电梯故障等被困在电梯轿厢内时，切勿试图自行离开，以免发生意外，可按下警铃，通过对讲机或以大声呼叫的方式与外界联系，保持冷静，调匀呼吸节奏，等候救援。被困时间较长的，可按 1.12 节中的方法减少氧气消耗。

⑦发生火灾、地震等灾害事故时，严禁乘坐直梯。

3.3 户外游泳安全常识

游泳是一项有益身心的运动,可增强心肌功能和抵抗力,加强肺部功能、健美形体,夏季游泳还可消暑纳凉。但是,如果准备不充分或不懂得处理紧急情况,游泳运动很容易给人体带来多种伤害。

(1)切忌空腹游泳,以免影响食欲和消化功能,或在游泳中发生头晕乏力等情况;也不能饭后马上游泳,否则易产生胃痉挛、腹痛、呕吐等。正确的做法是饭后休息1~2小时后再游泳。

(2)应着正规泳装游泳,根据泳场要求和自身需要佩戴泳帽、泳镜、鼻夹等装备。女性不应穿着浅色、透色的泳装。

(3)在露天场所游泳,尤其是在阳光明媚的天气里,宜将防晒霜涂抹在裸露的皮肤上。游泳时,皮肤表面的水分更易流失,如果不做好防护措施,很容易造成皮肤晒伤。

(4)下水之前,要充分做好热身运动,将脚、手关节活动开,水温较低时需更重视热身运动,以免发生抽筋和肌肉拉伤。

(5)全身下水之前,应用水逐一拍湿颈部、四肢、腰、背、前胸,待身体适应水温后再慢慢下水,水温较低时尤其不能忽略此步骤。

(6)游泳时间不宜太久,否则会引起体温降低,皮肤出现鸡皮疙瘩,身体打寒战。游泳运动的持续时间一般不应超过1.5~2小时,如明显感觉自身体温较低,应及时出水。

(7)未经专业训练的人最好不要跳水。清楚水况是做跳水运动的前提,水深至少3米,水域宽广,水底没有水草、碎石、杂物的情况下才能跳水。如果是在有跳水设施的泳池跳水,注意应单人依次跳水,后跳水的人应等先跳水的人游到岸边再跳水。切忌在跳水区内游泳。

(8)不要在有血吸虫、漩涡、淤泥、水草、杂石、污染的地方游泳,不要在船只来往频繁的航道和有凶猛鱼类的海滨、湖泊、江河游泳,这些地方既不卫生,也不安全。

(9)小孩应在成年人的陪同下游泳;不会游泳的人尽量选择在泳池游泳,如有必要可借助游泳圈等助浮工具,切忌在没有助浮工具的情况下到深水区游泳。

(10)游泳时如果发生抽筋或肌肉拉伤,不要慌张,抽筋或拉伤的腿不要动,用其余的肢体游回,在不太影响呼吸节奏的情况下,可向周围的人呼叫求救。

(11)高血压、心脏病、癫痫、中耳炎患者切勿游泳,以免病情突发或加重;急性眼结膜炎、皮肤病患者切勿游泳,以免在加重自身病情的同时传染给他人。此外,感冒患者和饮了酒的人最好不要游泳。

(12)要重视泳后卫生。游泳后宜及时脱去湿泳衣,及时洗澡洗头,用软质干燥的毛巾擦干身体,头发要及时吹干;及时清除鼻腔、眼角的分泌物,滴氯霉素或硼酸眼药水。如遇耳朵进水,可采用“同侧跳”的方式将水排出。

(13)如果是在海岸边游泳,应注意:

①要了解潮汐规律,涨潮时海浪会打得很高,容易把人卷进去;退潮时危险更大,容易把人推到离海岸较远的地方,往回游时可能因体力消耗过大而发生意外。因此,涨潮或退潮时都不要游泳。此外,太阳落山后也不宜下海游泳。

②不要单独一人去海边游泳,应选择人群较多的沙滩,不要去

偏僻的水域。应选择沙子质地较细的海滩，留心脚下的石子，以防被其划伤。

③不要远离海边，应沿海岸线平行方向游动，不要离开浅水区域太远；可将岸上某个醒目的物体作为标记，随时留意，不要为了省力而顺流游动，否则可能被推到较深的海域，缺乏足够的体力游回来。在有用红、黄旗等标明游泳区的海域，应在标注区内游泳。

④在有防鲨网的海域游泳时，切忌不要游出防鲨网。

⑤不会游泳或游泳技术不好的人在浅海区域戏水即可，不要去较深的水域，严禁去脚踩不到地的水域，最好不要使用助浮工具，否则可能在不知不觉中随水漂流到深处而无法回到岸边。

⑥不要在岩石附近游泳，切勿攀爬岩石。

⑦在海边游泳很可能遇到海底生物，有时会被海蜇或者其他生物蜇到，如有不良反应，应马上上岸休息。情况严重的，可向管理人员或当地人求救，切勿大惊小怪，要保持镇定。

(14)成年女性易患阴道炎、宫颈炎、盆腔炎、尿路感染等疾病，治愈后也极易复发，成年女性参加游泳运动时应注意：

①月经期间切勿游泳。月经前后几天为生殖系统抵御能力较低的时期，身体素质和免疫力较低的女性在这期间最好不要游泳。

②患有妇科炎症正在治疗期间的女性切勿游泳，身体素质和免疫力较低的女性即使在炎症治愈后也应该少游泳。

③不要在天气阴冷的时候游泳，不要在温度特别低的水里游泳，也不要到水源受到污染的水里游泳。

④不要在泳池边的地上或台上长坐，实在要坐时，垫上浴巾再坐，避免皮肤直接接触。在水里停留的时间不宜太长，出水后应尽

量减少穿湿泳衣的时间,及时排尿并尽快洗澡。

(15)游泳时,如果自己或身边的人发生溺水事故,可参考4.6节、6.2节和6.3节中的方法进行自救和呼救,可按1.4节、1.5节实施心肺复苏。

3.4 外出或公共场合的自我防范

外出或在公共场合,社会情况比较复杂,一些具有不良企图的人可能混在其中,老人和小孩尤其需要提高警惕。在自我防范方面应当注意:

(1)应当熟记一些在紧急情况下用得上的联系方式,比如自己的家庭住址和电话、工作单位名称及电话等。现在不少手机都自带有SOS功能,在紧急情况下,可以向你所设置的电话号码求救。

(2)外出时应和家人打招呼,如不能按时返回,应及时告知家人,以免家人担心。

(3)外出游玩、购物等,最好是结伴而行。切勿独自前往偏僻的街巷、黑暗的地下通道或去偏远的地方游玩。

(4)保管好随身携带的钥匙、身份证、钱物等,不要委托陌生人代为照看。

(5)去往情况复杂的场合,最好身着朴素的衣物,不要炫露财富,否则易引起居心不良者的注意。

(6)不要随便接受陌生人的钱财、礼物、食物等;与陌生人交谈时,要提高警惕;不要随便搭乘陌生人的便车,也不要随便让陌生人上自己的车;不要随便接受陌生人的邀请与其同行或去其家中做客。

(7)老人、小孩和女性朋友可以随身携带一只口哨，遇到不法威胁时，可吹响口哨，吓退不法侵害者和发出寻求帮助的信号。

(8)如果怀疑自己被人跟踪，应到人多的场合停下来，看其究竟想干什么，或打电话通知家人来接，不要在电话亭或僻静的路上打电话。

(9)如果已被歹徒挟持，不应硬拼，应佯装顺从，尽量拖延时间，视当时的具体情况采取对策。不论在任何情况下，都应首先保护自己的生命。

3.5 野外出游安全指南

驴行或自驾游是人们走近自然的一种休闲方式，如今已成为一种潮流。然而，在享受户外乐趣的同时，很多人并未意识到自然界中存在的种种危险，如果缺乏常识和不经充分准备，极易为事故埋下隐患。以下是野外出游的一些注意事项：

(1)出行之前，要认真设计出行线路，通过杂志、网络等查阅相关资料和询问出行经验，在考虑风景优美的同时，尽量选择食宿方便的路线，切勿贸然前往，也不要孤身出行。尽量不要去山地灾害频发的地方驴行，或不要在山地灾害频发的季节出行。

(2)必要的装备是保证野外出游安全的前提，对于初次参加野外出游的人来说更是如此。基本的户外装备包括：

- **露营装备** 如帐篷、防潮垫、睡袋等，这些东西可以通过自购或租用获得；还应当根据季节不同而准备御寒和防水的衣服，如冲锋衣、冲锋裤等。

- **行走工具** 最基本的行走工具有登山鞋、两栖鞋等，还可根

帐篷、防潮垫及睡袋是必备的露营装备

据需要准备雪套、登山绳等,带一根登山杖或行走杖也是不错的选择。

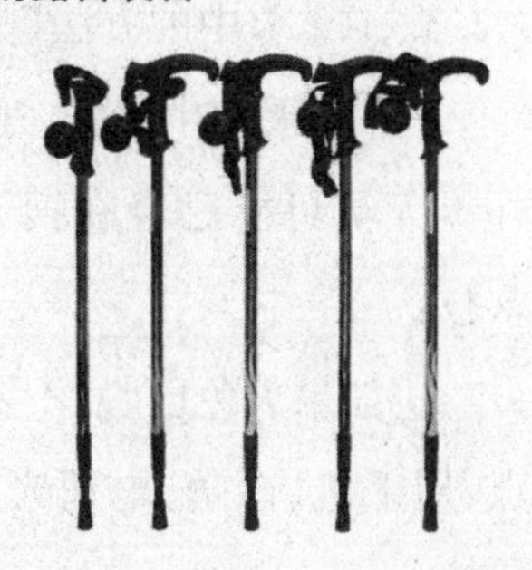

登山杖是不错的行走辅助工具

• 食物　现成的高能量食品是必需的,如压缩饼干之类,可根据自己的口味带一些方便面、饭;如果需要自己做饭,可带上便携式锅具、套碗等。

• 联络工具　在某些偏僻的地方,手机收不到信号,如果条件允许,可以准备一套全球定位系统(GPS)和若干只对讲机,地图、指南针、口哨等工具在迷路或受伤时也会起到很大作用。

• 急救包　根据自己的常患病和出行环境易引发的病症,准备相应的药品和急救用品。

(3)出行途中,在不太熟悉路况的情况下,如果天色较晚,应就近尽快寻找地方住宿或扎营,切不可抱着侥幸心理继续前进。扎营时,应按照“傍水而不近水、避开陡峭山坡”的原则选择宿营地。在山区扎营时,切勿选择谷底泄洪的通道、河道弯曲和汇合处等地。

(4)在行进过程中,要随时注意身边比较特别的山形、岩石、树木和其他物体,在地图或地形图上做出相应的标志。

(5)为防止被蚊虫叮咬,野外出游最好身着长衣长裤,并带风油精备用。野蜂也是一大威胁，穿越丛林时，如已惊动蜂群，应用衣物保护好头颈，反向逃跑或原地趴下，条件允许时也可以跳入水中，千万不要试图反击。如果已被蜂蜇，或被其他毒虫、毒蛇蜇伤、咬伤，可按1.10节中的方法进行急救。

(6)在行进过程中，如果不慎发生拉伤、骨折、出血等，可按1.1节、1.2节中的方法进行急救。

(7)如果发生走失、迷路，或受伤难以前行，不要慌张。此时，外界人员可能已经在搜寻自己，我们可尝试用以下方法自救和求救：

①如果天色已晚，不要贸然前进，应设法找一个相对安全的地点，用手机、口哨、电筒光等向外界求救，或者等天亮后继续寻找出路。

②用手机向外界求救时，应尽量采用短信方式，每隔半小时或一小时开机收发信息，这样可以大大节省手机电量；如果要和外界通话，在山脚等地信号不强，可选择较高的地方尝试。

③采用口哨求救时，可遵循国际通用的每分钟六响哨声发出求救信号，也可发出“SOS”救助信号，即三短三长三短，反复发送。

④用手电筒求救时，应向有灯光的地方发出求救信号，按照国际惯例，应采用六次闪照、三长三短、反复发送的方式向外界求救。

⑤有时指南针会失灵或丢失，在白天，可根据树桩年轮（南面宽而北面较窄）、树的枝叶（南侧茂盛而北侧稀疏）、岩石（南侧干燥光秃而北侧布满苍苔）、蚂蚁洞穴（洞口一般朝南）来辨别方向；如果是天气晴朗的夜晚，可在夜空中找到北斗七星，沿着“勺柄”找到第六和第七颗星，在两颗星连线5倍左右的延长线上找到一颗较亮的星即为北极星，朝着北极星的方向就是北方。注意，以北

斗七星"勺柄"所指方向为北方是不完全准确的。

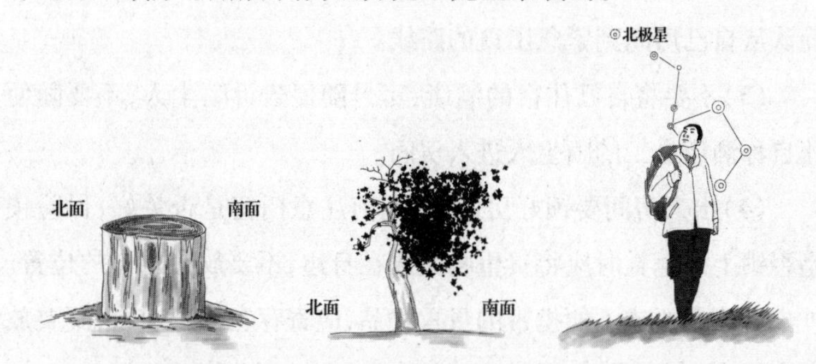

根据树木年轮、枝叶稀疏和北极星等来辨别方向

⑥可在比较明显的山坡或空地上摆放遇险标志,可用三四块石头压住一块丝巾、手帕或帽子,便于他人识别。

⑦白天,可以穿戴颜色鲜艳的衣服和帽子,有条件的话,可举起颜色鲜艳的宽大丝巾或衣服当作旗子在空中挥舞。按照国际惯例,可用衣物在空中绕"8"字挥舞。

⑧可以从野外寻找一些干枯的树枝或其他可燃物,分一堆或几堆点燃,同时向火堆中添加湿树枝或青草,使其升起大量浓烟。

⑨可以用树枝、石块或衣服等在野外空地摆出尽可能大的"SOS"字样,并在字样显著位置插上颜色鲜艳的标志物,以吸引搜救人员的注意。

3.6 酒店入住安全注意事项

出差或旅行时,我们可能需要入住酒店,虽然在酒店住宿的时间很短,但安全问题仍是不容忽视的。

(1)应选择正规的酒店入住,有条件的话,最好提前预订房间。切勿到没有营业执照的场所住宿。

(2)入住酒店后,应及时阅读酒店安全须知,了解酒店结构,确认从自己房间到紧急出口的路线。

(3)不要将自己住宿的酒店、房号随便告诉陌生人;不要随便让自称酒店员工的陌生人进入房间。

(4)出入房间要锁好房门,睡觉前注意门窗是否关好,保险锁是否锁上。睡觉时应将贵重物品放在身边,不要放在靠窗的位置。外出时不需要或不便携带的贵重物品,应寄存在酒店前台,不要放在房间内。

(5)从酒店外出时,可在酒店前台拿一张名片,以便迷路时根据名片上的地址和电话问路或乘出租车返回。

3.7 人流拥挤的场合如何保护自己

旅游景点、公园、商场、广场等场所都可能发生人流拥挤的情形,尤其是节假日期间,人流可能远远超过场所的容纳量。因此,我们要谨慎选择出行目的地,尽量避开人流高峰。以下安全知识可以帮助你在人流拥挤的场所保护自己:

(1)在可能发生人流拥挤的场所,要首先观察周围环境,记住主要出入口和紧急出口,以及现场安保人员的位置。

(2)如前进方向上已有拥挤的人群,或拥挤的人群正向我们行走的方向涌来,要保持头脑清醒,暂时不要混入人群。正确的做法是到附近人流较少的商店、居民区、街道躲避,或藏到适当的角落,等待人群走过。

(3)如果已经身在拥挤的人群中,尽量不要靠近带有玻璃窗的店铺。为免受伤害,可两手互握手腕,双肘撑开,双手平置于胸前，背略前弯，为自己形成少许空间，以使呼吸顺畅。

(4)要跟随人流的速度和节奏，不要停滞不前或盲目快进。如果人群十分拥挤，可以屈膝，提起双脚使之完全离地，以免脚趾受伤，依靠拥挤的人群托起身体，但必须注意力集中，一旦人群密度降低，双脚要立刻着地。

用双肘为自己形成少许空间

(5)在拥挤的人群中，如果随身物品掉地，最好不要低身寻找；如果脚趾被踩到，也不要低身查看伤情，尽量不要让自己摔倒，否则会引起更大的堵塞，还可能造成自己被人群踩踏。

(6)一旦被推倒或绊倒在地，应设法靠近墙壁，并将身体蜷成球状，双手紧扣，置于颈后。这样，虽然双手、双脚和背部可能受伤，却能保护最脆弱的部位。

(7)如有现场指挥人员，应听从其指挥；人与人之间应彼此爱护，以利于疏导。

3.8 游乐场游玩如何避免发生意外

游乐场已成为节假日休闲娱乐的选择之一，它为我们提供了现代生活中难得的体验刺激的机会，但在享受冒险的同时，我们应当重视游乐安全。为避免事故发生，我们应当注意些什么呢？

(1)选择正规的游乐场，确认游乐设施有安全检验合格标志。游乐场设施属于特种设备，国家对此有严格的安全检查规定，每年都要进行一次安全检查，检验合格的，会在设备明显位置悬挂安全检验合格标志。

(2)乘坐游乐设施前，务必仔细阅读相关的游客须知，以确定自己是否适宜乘坐。儿童最好在成人陪同下乘坐游乐设施，身高1.4 m以下的儿童不宜乘坐刺激性较大的游乐设施；患有恐高症、心脏病、高血压、贫血症的游客不宜乘坐游乐设施，颈椎或腰椎有疾病的、关节有损伤的游客也不宜乘坐，以免刺激患病部位。

(3)乘坐游乐设施前，应将随身携带的背包等物品寄存或交工作人员保管，眼镜、发箍、钥匙、手表、带有锐利吊坠的项链或手链等硬物也应提前摘掉，以免在游玩过程中伤及身体。

(4)务必听从工作人员的安排，佩戴好安全带等安全装置。游乐设施运行过程中，切忌私自解除安全装置，切忌站立、相互打闹，切忌不按规定将手、脚、头伸出护栏之外。

(5)游乐设施运行过程中，如果突然停电或出现机械故障，不要惊慌，切勿解除安全装置，应保持在原位不动，听从工作人员的安排。一般来说，工作人员会按下紧急按钮，使设备回到初始位置，设备停稳后，游客可在工作人员的指导下有序离开。

4 交通突发事件预防指南

4.1 行人如何安全通过马路

外出时,我们经常需要通过马路,尤其是上学、上班的时候,人多,车辆也多,必须注意交通安全。那么,哪些事项是我们应该注意的呢?

(1)通过马路时,应走人行通道,包括人行横道、天桥、地下通道等。人行横道设有红绿灯的,要严格遵循“红灯停、绿灯行”这一交通规则。需要注意的是,由于注意力不集中、侥幸心理等原因,车辆闯红灯的情形仍有发生。因此,即使在绿灯亮的情况下通行,也要留意左右车况。

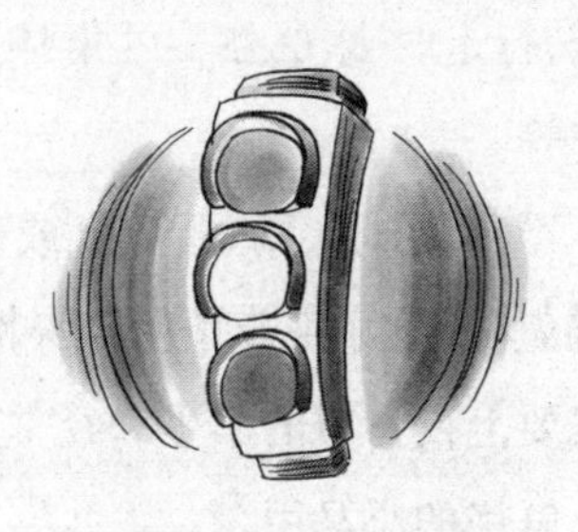

过马路一定要看交通灯

(2)在没有人行横道的路段,或人行横道未设置红绿灯、也没有交警指挥时,切勿与机动车辆争道抢行,应先看左边,再看右边,确认安全后方可通过。要学会避让机动车辆,尤其是大型公交车或货车,其车体庞大,驾驶位较高,行人很可能不在驾驶员的视线范围内;如果只有自己一个人准备过马路,可以稍等一下,等需要过马路的人多一些再一起通过。

不要在马路上打闹嬉戏

(3)通过马路时，不要相互追逐、打闹、嬉戏，应留意周围车况，不要边走边看书报、打手机、发短信等，以直线距离尽快通过马路，不要迂回穿行。

(4)儿童或老人集体外出时，最好有组织、有秩序地列队行走，行走时要专心。可集体佩戴颜色鲜艳的帽子，手持“让”字牌等。

(5)在雾、雨、雪天气或夜里，尽量减少通过马路的次数，无法避免时，最好身着颜色较鲜艳的衣服，以便驾驶员更易发现目标。需要上夜自习的学生和经常加班的人，可以随身带一件轻便的、颜色鲜艳的小马甲。

(6)切勿横穿高速公路，道路中央有安全护栏或隔离带的，切勿翻越安全护栏或隔离带。

(7)当马路对面有熟人、朋友呼唤时，切勿突然横穿马路。

(8)如果是通过铁路道口，一定要做到“一慢二看三通过”。无论道口有无值守人员，都要放慢行进速度，两面观望，在确定安全的情况下迅速通过。

4.2 乘坐公交车(长途客车)安全注意事项

公交车(长途客车)是绝大多数老百姓出行时经常乘坐的交通工具,正因为使用频繁,才需更加注意乘车安全。我们可在以下方面加以注意,以保护自己和他人的生命财产安全。

(1)在车站候车时,应站在人行道或站台等候,看到自己要乘坐的车辆即将靠站时,千万不要贸然冲出去,以防发生意外。

(2)车辆停稳后方能上下车,遵循"先下后上"的原则。上车后,尽快找座位坐下,如无空位,应拉好扶手,不要长时间站立在车门附近。

没有座位时应拉好扶手

(3)车内乘客应当相互扶助,主动将座位让给老、弱、病、残、孕和带小孩的乘客,切勿为争抢座位在车内相互拉扯。

(4)头、手和随身携带的物品不要伸出窗外;切勿在车厢内吸烟、玩火;不要在车厢内嬉戏打闹。

(5)携包上车时,应将包的拉链(纽扣)拉(扣)好,贵重物品不要放在容易被他人看见或窃取的地方。

(6)切勿将易燃、易爆物品携带上车，形状锐利、过长、过大、过重的物品也不要携带上车。

(7)如无必要，乘客尽量不要与司机交谈。

4.3 乘坐出租车安全注意事项

出租车的出现，使我们的生活变得更方便，即使没有私家车，乘坐出租车出行也可以节省不少时间。乘坐出租车时，我们仍需在以下方面加以注意，才能在快捷的同时保证安全。

(1)等候出租车时，应当选择规定的出租车站或相对安全的地带，不要在禁止停车的路段招手拦车；应当站在人行道上而不是马路上候车。

(2)车辆即将靠边时，不要贸然冲出去，以免发生意外。待车辆停稳后再上车。

(3)上下班高峰时段或出租车换班时段，人多车少，在人流量大的路段，极可能出现大量乘客抢乘出租车的情形。此时，应注意自身安全，切勿为抢车而伤害自己的人身财产安全。如果不是必须要乘出租车，可以改乘公交车。

(4)切勿将易燃、易爆物品携带上车，形状锐利、过长、过大、过重的物品也不要携带上车。

(5)如果坐在副驾驶位，乘客应系好安全带。由于业务需要，出租车的行驶速度往往比一般轿车更快，系安全带就更有必要了。

(6)头、手和随身携带的物品不要伸出窗外，切勿在车内吸烟、玩火。

(7)醉酒者、精神病患者、行动不便者应在他人的陪同下乘坐出租车。送老人、儿童、外地朋友等上出租车而自己不方便陪同的，应记下出租车车牌号码。

(8)切勿为了自己方便而要求驾驶员违反交通规则。

(9)下车时，应向驾驶员索要发票。目前，许多城市的出租车已经使用机打票，票面印有出租车车牌号，如果事后发现随身携带的物品落在车上，有票在手更便于找回失物。

4.4 乘坐火车安全注意事项

铁路出行安全性高、舒适便捷，是人们出行的重要交通工具之一。但是，由于火车上环境、人员复杂，乘坐时间较长，对人身财产安全也存在潜在威胁。那么，乘坐火车有哪些安全注意事项呢？

(1)进站和出站时应听从工作人员的安排，按照车站的引导标志进出站。火车靠站时，应站在安全线外等候，除非列车员安排上车，否则不要靠近火车。列车启动时，前来送行的人员切勿跟着火车奔跑。如果不慎掉下铁轨，应立即高声呼救。

(2)火车进出站时，颠簸相对较明显，可能出现刹车等意外情况。此时，乘客应在座位上坐好，切勿随意走动，待火车运行平稳后方可走动。

(3)积极配合工作人员进行安检，切勿携带危险物品上车，如不慎将危险物品带上车，应主动上交列车员或乘警（如果隐瞒不交，一旦被查到，会受到严厉的处罚）。

(4)上车后应尽快放好自己的行李。摆放行李的原则为“方不压圆、重不压轻”。当列车颠簸晃动时，按这一原则摆放的行李不易被甩下，从而避免砸伤自己和他人。

(5)乘坐火车出行，应根据自身状况携带相应药品；如遇意外事故伤害或身体不适，自己无法解决的，应及时与乘务员联系。列车上一般备有简易药箱，可以处理常见疾病，即使乘务员不能处理，也会通过广播寻找同车的医务工作者前来救助。情况严重时，还可临时停靠前方车站，由车站安排到就近医院抢救。

(6)旅行途中如发现异常状况，如失火等，应立即通知乘务员，服从乘务人员的指挥，主动配合其消除隐患，千万不可乱喊乱窜。列车过道及两端配备有消防器具，火情太急来不及通知乘务员时，可就近取用消防器具，及时消灭火灾。不可擅自打开车窗跳车，也不要随意开启车门。更多的火灾预防及避险办法可参考第5章。

紧急刹车时，注意保护头颅和胸腔

(7)如遭遇火车出轨、相撞等重大事故，首先要保持镇定，在列车紧急刹车瞬间，紧紧抓住座椅、小桌子等牢固物体。如有可能，可以坐下，低头向膝盖靠拢，双手手指交叉扣在后脑勺，以达到最大限度地保护头颅和胸腔的目的。

4.5 乘坐轻轨(地铁)安全注意事项

乘坐轻轨和地铁有许多优越性,不必担心晚点、堵车,运行速度也比较快。但正因为运行速度快,且其运行轨道多在地下或高架桥上,一旦发生事故,后果十分严重。因此,我们应当了解乘坐轻轨、地铁的安全常识以及发生突发事件时的自救措施。

(1)进出站时应正确使用进、出站闸机,待前面的乘客完全通过后再行通过。

(2)留意车站的列车向导标志,以免反方向候车或上车;留意车站通告及广播,关注时钟和列车时刻表,遵守指示。

(3)切勿靠近防护栅栏或警示黄线,也不要将随身携带的物品放置在防护栅栏和警示黄线附近。这是因为列车在高速运行时会产生巨大气流,可能将近距离的人和物卷入轨道。候车时,如不慎跌入轨道,应立即大声呼救,设法迅速回到站台。

(4)切勿向轨道内扔东西。轻轨或地铁运行速度快,运行中如果碰撞到障碍物,可能造成严重后果。如不慎将随身携带的物品掉进轨道,应立即告知现场工作人员,切勿自己跳下轨道去捡。

(5)乘客应排队候车。列车到站停稳后,按"先下后上"的原则上下车,注意站台与列车之间的空隙。穿高跟鞋和拖鞋的乘客应格外小心，避免鞋子被卡住或脱落。车门开、关时，切勿用手触摸车门。如车门正在关闭，应等候下一班车，切勿强行上车。

(6)切勿携带易燃、易爆或其他禁止携带的物品上车，禁止在车厢内吸烟。

(7)切勿在车厢内追逐打闹、滋事斗殴，或做出其他影响行车和人身安全的行为。

不慎跌入轨道后应立即大声呼救

按照工作人员的指示有序撤离

(8)如果遇到停电，列车不能运行时，切勿惊慌。即使停电，车厢内仍有紧急照明和通风设备。如果是在隧道内停电，司机会尽可能利用惯性将列车滑到车站。如在隧道中间停车，车站工作人员会前往事发地点疏散乘客。乘客要听从司机和工作人员的指挥，按照工作人员的指挥从指定出口顺次下到隧道中，排成单行，紧跟工作人员撤离到邻近车站。

(9)如果车厢内发生火灾，若火势不大，可用车厢内的消防器材将其扑灭。若火势难以控制，为避免吸入烟雾，应尽量弯腰逃离，切勿匍匐前进，以免减缓撤离速度，贻误逃离的最佳时间。更多的关于火灾预防及避险办法可参考第5章。

4.6 乘坐轮船安全注意事项

水路旅行分沿海航运和内河航运，是比较安全的出行方式之一，一路上的风景也令人心旷神怡。但是，我们不能对乘船出行的安全问题加以忽视，特别是沿海航运，航行时间长，海面气候多变难测，我们有必要知晓一些相关的安全常识和应对突发事件的措施。

(1)如果已决定乘船出行，尤其是航行时间多达数日的情况，应当多备一两件外衣(最好具有防风功能)。这是因为甲板上风比较大，温度也较低，夜间温度会更低。

(2)切勿携带危险品、有毒品、禁运品、易腐品上船，如果看到别人携带，要及时予以劝阻或告知乘务人员，以确保全船人员的生命财产安全。

(3)精神病患者、足以危及本人和他人的重病患者，在无人护送的情况下不能乘船出行。儿童在无人护送的情况下，也不能独自乘船出行。

(4)登船后，应在乘务人员的引导下，尽快找到自己的舱位，妥善放置行李后(放置行李的原则与火车上放置行李的原则相同)，应立即熟悉舱位周围的环境，牢记通向甲板的安全通道，以便出现紧急情况时能尽快撤离。此外，要牢记救生衣、救生船、灭火器、灭火栓等所在的位置，以便在紧急情况下能尽快使用。

(5)遇到风浪时，船舶会出现颠簸，此时不必惊慌，应听从乘务人员指挥，切勿乱跑乱闯、大声喧哗，以免引起全船人员的混乱(如果全船人员发生混乱，乱跑乱窜，或集体涌向一个方向时，有可能使船体失去平衡，造成严重后果）。乘坐小型船舶出行，更应当注意这一点。

（6）如果出现局部失火、漏水或其他不安全迹象，应尽快告知乘务人员，立即采取补救措施。在尚未摸清状况前，不要大声喧哗，以免引起其他乘客不必要的担心和慌乱。更多的关于火灾预防及避险办法可参考第5章。

（7）如果发生沉船、撞船、火灾等事故，要保持冷静和清醒，始终要有战胜灾难的信心，不要有畏惧、悲观情绪，否则不但自己难以逃生，而且还会感染别人，动摇大家战胜灾难的决心。

（8）船长是轮船的总指挥，事故发生后，乘客要听从船长的指挥。在救援力量赶来之前，船长和乘务人员会组织乘客穿好救生衣，到甲板上等待。救生衣的绳带必须扎紧、系牢，以免在水中被冲走。

漂浮的正确姿势

（9）紧急情况下，船长会下令弃船并释放救生艇，乘务人员会组织乘客登乘救生艇。在救生艇上，如果无法判断方位就不要乱划，应停留原地等待救援力量。如果遇到必须跳水的情况，即使没有救生衣，也不能脱掉衣服，避免身体在毫无保护的情况下与海水直接接触。

（10）在水中漂浮时，双腿应并拢屈至胸前，双肘紧贴身旁，双臂交叉放在救生衣前，尽量不游动，保持头颈部露出水面。人多时，大家可以围成一圈，这样可以增大目标，便于被救援力量发现，同时也有利于保温。

4.7 乘坐飞机安全注意事项

乘坐飞机,乘客必须熟悉相关的常识和自救措施,尽最大可能避免灾难,或当灾难不可避免发生时,尽最大可能拯救自己和身边的人。

(1)乘客登机前必须经过安全检查,这是保障航空安全的重要措施。我国民航总局规定:各类枪支、军械、警械(含仿制品),爆炸物品(含仿制品),易燃易爆物品,管制刀具,毒害品,腐蚀性物品,放射性物品等禁止随身携带和托运;菜刀、大剪刀、大水果刀、剃刀等生活用刀,手术刀等专业刀具,文艺单位演出用各种刀、剑等,以及斧、锤等锐器、钝器等禁止随身携带,但可托运。此外,对日用品、食品、药品等的携带也有一定限制,我们务必按规定携带和托运行李。如果是涉外航班,还应了解我国和目的地国家对出入境的相关规定。

(2)放置好行李并落座后,应利用等待飞机起飞这段时间,认真阅读放在座椅背袋里的飞行安全知识手册,认真观看安全须知录像和乘务人员的演示。第一次乘坐飞机和不经常乘坐飞机的乘客更加要注意这一点。

(3)每架飞机都设有安全门,登机后,一定要熟悉距离自己最近的安全门位置。紧急情况下,一旦有需要,坐在安全门旁边的乘客要协助乘务人员打开安全门,疏散乘客。

(4)飞机起飞后的6分钟和着陆前的7分钟最容易发生意外,国际上称为“黑色13分钟”,我国大多数飞机事故就是发生在这13分钟之内。飞机在起飞爬升和下降的阶段,乘务员会要求我们关闭手机等电子设备、放下座位前方的搁物板等,我们一定要严格遵守。

(5)飞机上绝对不能吸烟或点火;无故不要在通道内频繁走动、蹦跳等;不要乱扔垃圾和倾倒液体,以免他人踩滑而发生事故;座位背袋里备有垃圾纸袋,专门用于装垃圾和呕吐物。

成人帮助儿童佩戴氧气面罩
之前应先自行佩戴好面罩

(6)飞行中常见的紧急情况有:失火、机械故障、密封增压舱内压力突然降低。如遇上述情况,切勿慌张,机长和乘务长会简明地向乘客宣布紧急迫降的决定,乘务人员会指导和协助我们采取应急处理。迫降到一定高度时,乘客头顶上的氧气面罩会自动弹出,广播里会提示大家“系好安全带,戴好氧气面罩”。此时,乘客应按照安全须知录像里示范的那样迅速戴好氧气面罩。

(7)如果机长选择在水上进行紧急迫降,我们应根据乘务员的讲解迅速穿好救生衣,必要时用力拉下充气阀门完成充气。从安全门跳入水中时,双腿夹紧、略弯曲,双臂护在胸前,双手伸直护住面部或捂住口鼻,垂直入水。此后水上自救措施可参照4.6节。

(8)如果选择向陆地着陆,由于飞机坠地通常是机头朝下,撞地十几秒后油箱会发生爆炸,火势由机头蔓延向机尾。我们应在飞机撞地轰响的一瞬间,迅速解开安全带,冲向机舱尾部,争取在油箱爆炸之前逃出去。幸存下来的乘客如能行动,应首先处理好伤员,集中剩余食物。如果无法判断方位,也没有呼救设备,可采用3.5节中关于野外迷路时发出求救信号的方法进行呼救。

4.8 驾乘摩托车安全注意事项

摩托车目标小、速度快、稳定性差,是比较容易发生事故的交通工具之一。驾乘摩托车一定要遵守交通规则,安全行驶。

(1)驾驶摩托车,必须持有相应的驾车执照。应选择适合自身条件、操作顺手的车型,经相关部门检验合格,领取号牌、行车证后方能上路。

(2)车主平时应加强车辆的检查,及时发现和处理问题,如车轮、车把、避震、指示灯、反光镜等是否安全有效。

驾乘摩托车应佩戴头盔、护目镜、手套等

（3）驾乘摩托车时，应佩带安全头盔和护目镜，白天以茶色镜为宜，可减弱阳光对眼睛的刺激，夜间以无色护目镜为宜，可防止强光刺眼或小虫飞入眼睑；应戴上线手套或单皮手套，防止手出汗；不能穿拖鞋，以防脱落；衣服袖口以紧致为宜，防止兜风；天寒时，衣服以轻便、贴身、保暖为宜，还应加上护膝、防寒性强的手套和鞋。

（4）应身着颜色鲜艳醒目的上衣，以引起其他车辆驾驶员的注意；夜间驾乘应穿着反光性衣服和佩戴反光性头盔。

（5）驾乘摩托车时，全身及两肩自然放松，勿歪斜，目光要瞻远顾近；变换车道或起步时，应先从后视镜查看身后情况，确认安全后方可动作；不可贸然停车或减速；转弯前先减速，切勿一边转弯一边减速。

（6）勿从行进中的两排车辆中间穿越或以曲线绕行，勿从右侧超车；其他车辆列队等待信号灯时，不要试图超越。

（7）在摩托车专用道或慢车道的中央行驶是比较安全的，不要在车道的边上行驶或压线行驶，更不要在超车道或快车道行驶；应与前后车保持适当距离。

（8）在隆起或崎岖的路面上行驶时，应适当增加与其他车辆的距离；在湿滑路面上行驶时，应注意减速，但要避免突然制动，最好是沿着其他车辆留下的轮胎痕迹行驶。

（9）行驶过程中如遇轮胎爆炸、油门阻塞、左右摆动等紧急情况，要保持冷静，集中全力控制车把，减速滑行，慢慢靠边停车后进行检修。

（10）摩托车载物高度不得超过 1.5 米，左右宽度不得超过车把 15 厘米，长度不得超过车身 20 厘米。地方或路段有更严格规定的，按后者执行。

（11）轻便及二轮摩托车驾驶座前不准载人。二轮摩托车准载一人，但不可载12岁以下的儿童。

4.9 自驾车安全注意事项与道路交通事故紧急处理

随着经济的发展、工作节奏的加快和生活理念的提升，不少家庭已经拥有私家车辆，除了日常代步以外，自驾游也蔚然成风，自驾车安全注意事项也越来越不可忽视。

（1）无驾驶执照者不能贸然开车，这样不仅会因违反交通法规而受惩罚，更重要的是，会对公众和自身安全构成威胁。持有驾驶执照者，应严格按照执照上核准的准驾车型驾驶相应车辆。

（2）购车时，应选择适合自己操作的车型，经相关部门审核，持有检验合格标志和行车执照后方能上路；如果是购买二手车，应特别关注车辆性能和合法性。车辆必须按规定定期检验。

（3）购买车辆保险是很有必要的，除了按规定必须购买的交通强制险之外，可根据自身情况购买一些商业保险。

（4）车辆的性能关乎安全，一点也不能忽视。车辆应定期进行检查和保养，更换、添加全车油水，行驶过程中感觉车辆性能欠佳，仪表盘指示灯显示不正常、车身有异响等，应及时送修。

（5）身体状况、心态欠佳时切勿开车。尤其是远距离驾驶时，身体状况是十分重要的，千万不要疲劳驾驶，合理休息是安全的保证。此外，要保持轻松、愉快的心情和相对集中的注意力。

(6)考取驾照时，我们已经学习过交通法规和一些驾车常识，但还是有些注意事项需要在这里强调：

①如果远远地看见前方路口的交通灯为绿灯，切不可加速“抢灯”。即使车速很快，但还是很可能在到达路口时变灯，极易造成踩“老刹车”，因此此时最好是减缓车速，从容行驶。

②变道时要提早打转向灯，尤其是在路口前需要变道时，千万不可在临近路口时才变道，以免给其他车辆带来不便和发生危险。

③长下坡时切勿长时间使用空挡，用制动控制车速，长时间制动会使制动片发热，令制动效果降低甚至失效。

④弯道是事故的多发地带。进入弯道前，应提前减挡降速；一旦进入弯道，不可狠踩制动；离开弯道时，待方向回正后再踩油门。

⑤通过沙地时，由于地面松软，容易陷车，应快速通过；如果是通过漫水路段，则应挂在低挡位，缓缓匀速涉水通过，因为车速加快会使水的阻力加大，易导致熄火。

(7)近年来，发生了不少私家车抢盗事件，作案对象除了车辆本身，更涉及车辆内的其他财物。对此，有以下事项需要注意：

①驾驶车辆时，要将前后车门锁好，需随身携带的贵重物品尽量放在后备箱里，下车后再带走。

②在车多的路口，车辆等红灯、车多行驶缓慢时，有时会出现一人敲窗吸引驾驶员注意，另一人从另一侧敞开的窗户伸手盗窃的情形。因此，车窗玻璃最好不要打开超过1/3，有天窗的应尽量通过天窗换气。如遇陌生人敲窗搭讪，在未弄清楚情况前不要轻易摇下玻璃回应，以防被强开门锁。

③遭抢盗后，切勿自行驾车追赶，否则易发生危险；应当保持冷静，尽可能记下偷窃者的外形等特征，立即报警。

(8)在某些特殊天气下驾车，我们必须具备以下常识：

①在阳光强烈的天气下，尤其是一早一晚，太阳离水平线近，阳光易从水平位置直射车窗，极大地干扰驾驶员的视线。此时佩戴墨镜是不错的选择，尤其是偏光镜，可在过滤强光的同时使视野更加清晰自然。需要佩戴近视眼镜的驾驶员，可以佩戴带偏光的近视眼镜，或者在近视眼镜上加配墨镜片，或者在佩戴隐形眼镜后再佩戴墨镜。

②如果是在大雨或暴雨的天气中驾车，应及时打开雨刮器，根据雨量调整雨刮速度；如遇天色变暗，应及时打开近光灯和防雾灯；如果是在高速路上，最好打开"双闪"，以便让其他车辆的驾驶员发现自己的车；如果前挡风玻璃有雾气，可通过冷或暖气除雾，如果后窗玻璃有雾气，应打开后窗玻璃加热器除雾；车速宜慢，尽量绕开积水较多的路面；转弯时，宜缓踩制动，以防轮胎抱死而造成车辆侧滑。

③行车时，应注意电子公告板，及时获知起雾路段，尤其是大雾使能见度降到一定程度而封路时，要及时改道而行；雾天行车要打开防雾灯、示廓灯、近光灯及"双闪"，切勿使用远光灯；及时除去前后玻璃上的霜雾，及时用雨刮刮去水汽；勤按喇叭，警告过往行人和车辆，如听到其他车的喇叭声，尤其是在双向通行且无中间隔离带的路段，应立即鸣笛回应，以告知来车自己的位置；最好不要超车，减少变道。

④雪后驾车应稳缓起步，以适应冰雪路面，避免轮胎滑转；转弯、下坡时，应将车速控制在可随时停车的范围内；加减速时，应缓

踩、缓松油门；尽量不要超车，不要紧急制动，也不要空挡滑行。由于积雪对光线的反射性强，易使驾驶员双目受损，因此，雪后驾车应佩戴浅色墨镜，并注意眼睛的休息。

(9)自驾车一旦发生交通事故，切勿慌张。如果只是较小的车身擦挂，无人员受损，当事车辆应尽快驶离事故现场，前往快速理赔中心理赔；如果情况比较严重，车辆损坏严重或有人员受损时，应立即报警，同时可按第1章中的相关急救措施为伤者施救。

5 火灾预防及避险办法

火是一把双刃剑，掌握得好，它可以造福人类，一旦失去控制，它可在顷刻间吞食生命和财产。任何社会、单位、家庭、个人都应当具备一定的消防常识，以备自救和救人。本章先介绍一些防火常识，然后按火灾发生的场所不同，有针对性地介绍一些消防自救措施。

5.1 防止火灾，重点在“防”

任何场所发生火灾，都可能造成难以估量的灾难和损失。因此，对于火灾，预防胜于救灾。

“预防为主，防消结合”是我国消防安全管理的一贯方针。从社会层面上来讲，各机关、企业、厂矿、社区、宾馆、娱乐场所、写字楼、商场、学校等，都应当按照《中华人民共和国消防法》严格做好消防安全管理工作。具体包括：

(1)制定灭火和应急救援疏散预案，定期进行演练。

(2)建立消防安全责任制，做到分工明确、责任到人。

(3)建立健全消防设施和报警装置。

(4)保持疏散通道的畅通,安全出口不上锁、不被阻塞。

(5)定期进行防火安全教育。

在家庭和个人这一层面,要树立强烈的灾害意识,对日常工作、学习、生活的地方的建筑物结构、逃生路径、消防设施、自救逃生方法做到心中有数,外出就餐、娱乐、入住酒店,也应如此。

5.2 如何及时有效地报火警

如果火情十分猛烈,难以自行扑灭,应及时拨打119火警电话。拨打119时,一定要沉着冷静,尽量用简练的语言将情况表达清楚。

(1)尽量详细地报出失火地址(区县、街道、门牌号),不太清楚具体地址的,应报出周围比较知名的建筑物、场所或标志。

(2)应报告燃烧的物质、火势大小和受火灾威胁的物质,以及有无人员被困、是否发生爆炸、是否发生毒气泄漏等。

(3)留下自己的姓名和联系电话。

(4)注意聆听消防接警中心提出的问题,以便快速正确回答。

(5)打完电话后,应派人到路口等候消防车的到来,以便引导消防车迅速赶到火灾现场。

(6)如果火情发生新变化,应立即拨打119告知,以便消防队及时调整力量部署。在消防人员到来之前,应尽量控制火势、疏散人员。

5.3 火灾类型及常见消防器材的使用

火灾一般会经过初起、发展、猛烈三个阶段,从初起到发展一般要经历5~7分钟,这是灭火的最有效时机。我们应视情况切断着火房间或楼层的电源,关闭通风管道和门窗,打开排烟阀门,疏通救生通道等。最重要的是,在力所能及的情况下,应自行组织力量控制火势,尽量减少火灾造成的伤害。

(1)了解火灾类型对灭火器材的选择具有重要意义。目前,按燃烧物质不同,可将火灾分为5种类型:

- A类火灾　固体物质燃烧,如木材、棉、毛、麻、纸张等。
- B类火灾　液体或可熔性物质燃烧,如汽油、煤油、原油、甲醇、乙醇、沥青等。
- C类火灾　气体燃烧,如煤气、天然气、甲烷、丙烷、乙炔、氢气等。
- D类火灾　金属燃烧,如钾、钠、镁、铝合金等。
- E类火灾　电器燃烧。

(2)有句成语叫做"水火不容",想到灭火,我们首先想到的就是水,普通自来水管可以取水,消防栓则是更专业的选择,其使用步骤如下:

第1步　打开消防栓箱门,取出消防水带,向着火源点延伸展开。

第2步　将消防水带靠近火源点的一头接上水枪,靠近消防栓的一头接上水源。

第3步　由1~2人手持水枪头及水管,另安排一人打开消防栓水阀门，即可以开始灭火。人手不足的情况下，可先打开消防栓水阀门，再端起水枪头灭火。

需要注意的是，“水火不容”并不是绝对的，有些火灾绝不能用水来扑救：

• 碱金属火灾　碱金属遇水后能使水分解产生氢气，并释放出大量的热，容易扩大火势甚至引起爆炸。

• 碱金属碳化物或氢化物火灾　如碳化钾、碳化钠、碳化铝、碳化钙、氢化钾、氢化镁等，遇水可发生化学反应，释放出大量的热，容易扩大火势甚至引起爆炸。

• 轻于水和不溶于水的液体火灾　此类火灾用水扑救是无效的，且燃烧物随水流散，易使火灾蔓延扩散。

• 电器火灾　在无法断电的情况下，为防止导电，不能使用水（或泡沫）扑救电器火灾。

• 熔化的铁水、钢水、浓三酸（硫酸、硝酸、盐酸）火灾　水蒸气在 1 000 ℃以上时能分解出氢气和氧气，有助燃作用，甚至可能引起爆炸。

• 贵重资料、文物着火　虽然用水可以扑灭火焰，但水渍的污损可能造成不可挽回的损失。

(3)手提式灭火器比较轻便、操作简单，其工作原理是在内部压力作用下，喷出充装的灭火剂来扑灭火焰。按充装物的不同，手提式灭火器可分为 5 类：

• 干粉类灭火器　又分为碳酸氢钠灭火器和磷酸铵盐灭火器，前者适用于 B、C 类火灾，后者适用于 A、B、C、E 类火灾。

• 二氧化碳灭火器　适用于 B、C、E 类火灾。

• 泡沫灭火器　适用于 A、B 类火灾。

• 水型灭火器　适用于 A 类火灾。

• 卤代烷型灭火器　适用于 A、B、C、E 类火灾,因其对环境有影响,现在已很少使用。

使用手提式灭火器时,注意不要颠倒,离着火点应保持适当距离;拔去保险销时,一手紧握开启压把,一手紧握喷枪,用力捏紧开启压把,对准火焰根部,由远及近,水平喷射,火焰未灭时,不要轻易放松压把。

第 1 步:拔去保险销　　第 2 步:按下压把　　第 3 步:对准火焰根部扫射

(4)如果遇到 D 类火灾(金属火灾),最好采用沙、土掩埋进行灭火。

(5)火灾中会产生大量浓烟和有害气体。消防防毒面具是一种过滤式防毒面具,当空气中有毒气体含量较低,氧气含量略低于正常水平时,可以很好地发挥滤毒作用。其多为一次性使用,有效使用时间一般在 30 分钟以上,使用步骤如下:

第 1 步　打开外包装,取出真空包装袋。

第 2 步　撕开真空包装袋,拔掉前后两个罐塞,取出全套面具。

第 3 步　将面具佩戴在头部,佩戴眼镜者不要取下眼镜,可调整视窗位置。

第 4 步　将面具口鼻部位对准自己口鼻,确定没有浓烟或污染物进入。

第 5 步　盖上后罩,拉紧扣带即可。

5.4 森(树)林火灾避险办法

受全球气候变暖的影响,近年来,全球森(树)林火灾呈增多趋势。尤其是在连晴高温的夏季,植物的水分已被蒸干,稍微遇到一点儿火星就容易燃烧,甚至在阳光下发生自燃也是可能的。森(树)林火灾面积广、破坏快,扑火和救人难度较大,一旦在森(树)林中遇到火灾,切勿慌张,应因地制宜,尽快做好自我防护。

(1)森(树)林火灾产生的高温气体、浓烟和一氧化碳容易使人中暑、烧伤、窒息或中毒,一旦发现自己身处森(树)林着火区,切勿大呼小叫,以免吸入烟尘。条件允许的话,可拿出毛巾或撕下衣服,用矿泉水或附近水源浸湿。烟尘袭来时,用湿毛巾或衣服捂住口鼻,迅速躲避。躲避不及时,应在附近没有可燃物的平地卧地避烟,不可躲避在易积烟尘的低洼地或坑、洞中。

(2)森(树)林火灾中,逃生方向的选择很重要,应注意以下几点:

①如果被大火包围在半山腰,应选择向山下跑,切忌往山上跑。

②要判断火苗延烧的方向,选择逆风逃生,切不可顺风逃生。如果大火扑来时正好在顺风方向,或者被火包围,应用衣服盖住头部,选择火势较弱的方向,果断地迎火冲出火场,切不可顺风而逃、与火赛跑。

③突然感觉不到风的时候决不能麻痹大意，往往此时风向会发生变化，甚至逆转，应仔细观察，及时正确地逃生。

④可以撤到火烧迹地（大火烧过的地方），因为不会再燃烧，所以是相对安全的；如果时间允许，也可以主动点火，烧掉周围的可燃物，形成火烧迹地。点火时要判断风向，以防被火舌舔伤。

（3）逃出着火区后，不宜在火灾现场附近区域久留。由于火灾，森（树）林中的蚊虫、蛇、野兽、毒蜂等可能有异动，留在火灾现场附近可能会受到侵袭。

（4）结伴出行的，在逃出着火区后应及时清点人数，如有掉队者，应当及时向灭火救灾人员报告、求援。

5.5 公共娱乐场所火灾避险办法

近年来，人们的娱乐生活日渐丰富，餐厅、卡厅、迪吧、酒吧、咖啡厅、茶楼、网吧等公众娱乐场所如雨后春笋般遍布街头巷尾。这些场所装修结构复杂、易燃物品多、用电设备多，容易引发恶性火灾，燃烧猛烈，疏散困难。因此，掌握一些相关的避险常识是很有必要的。

（1）进入娱乐场所时，应迅速观察周围环境，对紧急情况下的逃生路线做到心中有数。安全出口是火灾逃生的首选，但有些娱乐场所只有一个安全出口，由于装修结构复杂，去往安全出口的路线可能比较曲折，此时应另择逃生路线：娱乐场所一般楼层较低，如果是在底层，可直接从窗户跳出；如果是在二、三层，窗外有落水管的，可顺着落水管往下滑，否则可用衣服接成绳，握绳下滑，落地时注意先让双脚着地。

(2)发生火灾后,如果是在包厢(房)内,切勿立刻开门,应先触摸门锁。如果门锁温度很高,说明火势已经逼近,此时应关好所有与来火方向连通的门窗,用衣服等堵塞门缝,设法从没有火的窗户逃生;如果门锁温度正常,可开门观察情况,开门时用脚抵住门,以防热浪将门冲开,在确信火势尚未构成威胁的情况下,尽快离开房间逃生。

触摸门锁,判断门外火势

(3)火灾发生后,切不可坐直行电梯逃生,直梯随时会因火灾造成的破坏而悬停,此时如果被困在轿厢中,极易被侵入的浓烟和毒气熏呛窒息。

(4)娱乐场所的四壁、天花板往往用大量塑料纤维进行装饰,一旦燃烧,易产生有毒气体,以下方法可帮助我们避免吸入有毒气体和烟雾:

①能够找到消防防毒面具的,应迅速佩戴好面具,佩戴方法见5.3节。

②如果没有面具,可将毛巾或衣服适当折叠后用水打湿,如果取水不方便,可用饮料代替;进入烟雾区之前,用湿衣服捂住口鼻(注意毛巾或衣服不能太湿,否则会阻碍呼吸)。

③如能找到透明塑料袋,可在空气新鲜的地方将塑料袋左右抖动,让里面充满新鲜空气后迅速罩在头部,进入烟雾区之前应抓紧袋口,以防内外空气对流。

④通过烟雾区时应采用低姿或匍匐迅速通过,不可做深呼吸;如非必要,勿大声呼喊,以减少吸入有毒气体和烟雾的机会。

⑤在烟雾区时可能辨不清方向,一般来说,烟雾流动的方向就

是逃生的方向。另外，应朝着明亮处、空旷处、低楼层逃生。如果楼梯被烧断或被烈火封闭，应背向烟火方向离开，另寻他法逃生。

(5)结伴而来的，在逃离火灾现场后应及时清点人数，如发现有失踪者，应尽快向消防人员求援。

5.6 高楼火灾避险办法

高楼火灾避险在很多方面都可以借鉴娱乐场所火灾避险办法，但由于发生火灾的楼层相对较高，有一些特殊方面需要注意：

(1)要了解经常出入的家居楼、办公楼等的疏散通道和安全出口，走进一栋不常去的高楼，也应当留意相关情况，做到心中有数，以防万一。

(2)和娱乐场所发生火灾一样，高楼发生火灾同样不能乘坐电梯；老式高楼一般是单楼梯，现在的高楼一般至少有两道楼梯可供疏散。火灾发生时，绝对不能乘坐电梯，而是应当循着“安全出口”指示标志，从楼梯逃生。

(3)如果自己所在的房间失火，可用水、灭火器等及时灭火，呼喊周围的人参与灭火和报警；火势无法控制时，切勿留恋室内物品，应果断离开；离开时将房门关闭，以防火势蔓延和烟气进入走道。

(4)如果是其他楼层或房间失火，可采取前述“摸门锁”的方法进行试探，以确定是否可以开门逃生。如果可以出门，应使用消防防毒面具、湿毛巾、湿衣服、塑料袋等保护口鼻，采用低姿态或匍匐迅速逃生。

(5)如果被大火困在房内，切勿盲目跳窗，应设法保护好口鼻，设法使自己处于阳台、窗口等易被发现并可供呼吸之处；楼层较低的，可将窗帘、被单、衣服连接，滑绳逃生；楼层较高的，可将沙发垫、枕头等软物从窗口扔出，或在窗口挥舞颜色较鲜艳的布条，以引起营救人员的注意。

6 自然灾害避险与自救常识

6.1 地震中如何避震与自救

所有自然灾害中，地震是最令人感到恐惧的。虽然一次地震的持续时间可能只有几秒到几十秒，但它造成的后果却是毁灭性的，不仅使房屋倒塌、人员被掩埋，更会诱发海啸、火灾、泥石流、瘟疫、核泄漏等次生灾害，使灾后重建工作异常艰巨。

虽然地震很可怕，但如果我们能掌握一些震前征兆、震时避险和震后自救方面的知识，当地震真正降临时，还是很有可能提高生存几率的。

(1)地震来临前的一段时间内，震区附近会出现一些异常，能够通过人的感官直接察觉到的异常称为宏观异常，主要体现为以下现象中的一种或多种：

- 地下水异常　井水、泉水等出现发浑、冒泡、翻花、升温、变色、变味、突升、突降、泉源突然枯竭或涌出等现象。

- 动物异常　牛、马、驴、猪等不进圈、不吃食、乱叫、外逃；狗狂吠不安、乱跑乱咬、叼着狗崽搬家，警犬不听指令；猫惊慌不安、叼着猫崽上树；鸭、鹅白天不下水、晚上不进架、不吃食、惊叫、高飞；老鼠白天成群出洞，像醉酒似的发呆，不怕人；大量蛇在冬眠期出洞，集聚一团，在雪地里冻僵、冻死；鱼成群漂浮、狂游、跃出水面，缸养的鱼乱跳、头尾碰出血、跳出缸外；蟾蜍成群出洞等。

●植物异常　植物违反季节规律而发芽、开花、结果，或大面积枯萎，或异常繁茂。

云层异常，可能为地震前兆

●气象异常　天气闷热，令人焦灼烦躁，久旱不雨或阴雨绵绵，黄雾四散，日光晦暗，怪风狂起，六月冰雹（飞雪）等。射线云、地震云也是地震的前兆：射线云是浮云在天空呈极长的射线状，射线中心指向的位置即震中区；地震云多为波状，一般为白色、灰色、橙色或橘红色，其形状不易随风改变，且天空和云有明显分界线。

●地声异常　地下发出异常声音，有如炮响雷鸣、重车行驶、大风鼓荡、开水沸腾，如果是在震中区，3 级及以上地震即可听到地声异常。

●地光异常　地震前大气异常发光，多出现在震前几分钟到几小时，持续时间仅几分钟。其颜色以红、白为主，混有罕见的银蓝色、白紫色等；其形状有带状、球状、柱状、弥漫状等。

●地气异常　地震前，来自地下的雾气具有白、黑、黄等多种颜色，有时也是无色的，伴有异味、声响或高温，常在震前几天至几分钟出现。

●地动异常　地震前地面出现晃动，这种晃动与地震时不同，其摆动十分缓慢，难以被地震仪器记录，却能为人所感觉。地震前可能会出现一次或多次地动异常。

●地鼓异常　地震前地面出现鼓包，形似倒扣的铁锅，鼓包四

周断续出现裂缝；几天后，鼓包消失，反复多次，直到发生地震。与地鼓异常类似的还有地裂缝、地陷等。

需要注意的是，发现以上异常现象后，不宜轻易作出马上要发生地震的结论，更不宜四处散播自己的结论，以免引起不必要的慌乱，应当保护好现场，立即向政府或地震部门报告，由专业人员调查核实。

(2)对于家庭、单位、学校等来说，做好防震准备是很重要的，尤其是在容易发生地震的地区或本地区近期出现了地震前兆时。防震准备包括以下方面：

①关注自身房屋的建造质量，不利于抗震的房屋要加固，不宜加固的危房要及时撤离；关注四周的环境，有时房屋本不该被震倒，却可能被周围其他倒下的建筑物砸坏。

②室内物品的摆放要遵循安全原则：防止物品掉落，以伤人伤物、堵塞通道；有利于形成三角空间，便于震时藏身避险；保持对外通道的畅通，便于震时撤离。

③尽早清理掉室内的易燃物、易爆品、易腐蚀物、有毒物，必须留下的务必要存放好。

④地震可能发生在夜间，人在睡梦中警觉性最低，因此卧室防震很重要。床一定要牢固，床的位置应避开外墙、窗口、房梁，安放在室内坚固的内墙边；装修、装饰卧室时，应注意防止室内其他重物在震动中落到床上。

⑤准备一个面料结实的防震包(应急包)，放在室内便于取放处。

⑥地震往往突如其来，好多事情都要在极短的时间内或困难的环境下完成。因此，平时搞一些紧急避险、撤离、疏散方面的演

练很重要。

⑦家庭成员之间应提前约定好失散后如何团聚。

(3)地震来临时,如果是在房间内,可采取以下措施紧急避震:

①切勿滞留在床上,切勿跳楼,切勿到阳台、外墙、窗边、楼梯,切勿躲在房梁下;切勿乘坐电梯,若震时正好在电梯内,应尽快离开,门打不开时要抱头蹲下,或抓牢扶手。

②不要靠近炉灶、煤气(天然气)管道和家用电器,以免受到间接伤害,宜靠近水源,因为水是保证生命的直接需要。

③如果是在平房或低楼层,且屋外场地开阔,发现预警现象早,应尽快跑到室外避震。

④如果所在楼层较高或室外等不利于避震的,应在室内选择相对安全的避震地点,如:牢固的桌子下或床下,低矮、牢固的家具边,开间小、有支撑物的房间(如卫生间),内承重墙墙角,震前准备的避震空间等。

(4)地震来临时,如果是在学校,可采取以下措施紧急避震:

①如果是在教室,无论是楼房还是平房,都应当在老师的指挥下,迅速躲在各自的课桌下,切勿慌乱拥挤外逃。待地震过去后,在老师的组织下有序疏散。如果教学楼是楼房,还应参考前面所述的楼房避震的注意事项。

②如果地震时正在操场或室外,可原地不动,直接蹲下,注意保护头部,注意避开高大建筑物或危险物,千万不要回教室,勿乱跑乱挤。待地震过去后,按老师的指挥行动。

(5)地震来临时,如果是在公共场所,可采取以下措施紧急避震:

①首先把握一个总体原则，即听从现场工作人员指挥，不要慌乱拥挤；不要涌向出口，要避开人流；如不得已被挤入人流，要懂得保护自己（参见2.7节）。

②如果是在商场、书店、展览馆、地铁等处，应选择结实的柜台、商品（如低矮家具）、柱子边、内墙角等处就地蹲下，用双手或其他东西保护头部。要避开玻璃门窗、橱窗和柜台，避开高大不稳和摆放重物、易碎品的货架，避开广告牌、吊灯等高耸物和悬挂物。

③如果是在影剧院、体育馆等处，可就地蹲或趴在排椅旁，用双手或其他东西保护头部，注意避开吊灯、电扇等悬挂物。待地震过去后，在工作人员的指挥下有序撤离。

④如果是在行驶的电（汽）车内，司机应尽快减速，逐步刹车，乘客应当抓牢扶手，避免摔倒，同时降低身体重心，躲在座位附近，用双手或其他东西保护头部，待地震过去后再下车。如果车辆正行驶到立交桥上，司机应迅速停车，与乘客一道步行下桥躲避。

（6）地震来临时，如果是在户外，应采取以下措施紧急避震：

①应迅速远离各种高大的危险物，避开人多的地方，就地选择开阔的地方避震，采取蹲或趴的姿势，以免摔倒，切勿返回室内。

②避开高大建筑物或构筑物，如高楼（尤其是有玻璃幕墙的高楼），过街桥、立交桥上下，高烟囱、水塔等；避开危险物、高耸物和悬挂物，如变压器、电线杆、路灯、广告牌、吊车等；避开狭窄的街道、危旧房屋、围墙、女儿墙、雨篷、砖瓦木料堆放处等。

（7）地震来临时，如果是在野外，可采取以下措施紧急避震：

①避开河边、湖边、海边等危险环境，以防河岸、上游大坝坍塌而使下游涨水，或出现海啸；避开水坝、堤坝，以防垮坝或发生洪水；避免走在桥面或桥下，以防桥梁坍塌。

②避开山边的危险环境，如山脚、陡崖、山坡、山崖等，以防地震引发的山地灾害。

③避开变压器、高压线，以防触电；避开危险品或生产危险品的工厂；避开易燃、易爆品仓库，以防发生意外事故。

④应选择开阔、稳定的地方就地避震，采取蹲或趴的姿势，以防摔倒；如果附近有化工厂等，应注意避风，背朝风向迅速离开，以免吸入有毒气体。

(8)地震后，如果得以自行脱险，在室内的，应当尽快到外面开阔的地方去，临走前灭掉明火，关闭煤气(天然气)开关，切断电源、水源；在室外的，如果周围环境存在危险因素，应尽快离开。

(9)虽然震后会有专业队伍前来搜救，但一般会有一定的时间差，已经脱险的人应立即展开救助，可大大提高生还率。救助原则为：先救近处的和容易救的人，以加快救人速度，扩大救人队伍；先救青壮年和医务人员，使他们迅速在救灾中发挥作用；先保证更多的人不失去生命，如先将周围若干被埋压的人的头部露出，使他们可以呼吸，再设法将他们一一救出。

(10)震后救人，因其环境十分复杂，要因地制宜地采取办法，这里给出一般的步骤和方法作为参考：

①寻找被埋压的人员，确定其大致位置。可以采取倾听、喊话、敲击等方法发现待救者，如果听不到声音，可向家属、邻居打听情况，分析被埋压人员可能的位置。

②对埋压物进行扒挖。扒挖时，有以下注意事项：分清支撑物和埋压物，切勿破坏原有支撑条件；尽早使封闭空间与外界沟通，使新鲜空气注入；扬尘太大时，可喷水降尘，以防窒息；条件允许时，可先将水、食物和药品传递给被埋压者，以增强其生命力；扒挖

接近被埋压人时,不可用利器。

③先将被埋压者头部暴露出来,清除口鼻内的尘土,再使其胸、腹部和身体其他部分露出;对于不能自行出来者,应使其尽量充分暴露后再抬救出来,切勿强拉硬拽。

④对于在黑暗、窒息、饥渴状态下被埋压过久的人,救出后应蒙上其眼睛,避免强光刺激,不可使其突然进食、饮水过多。救出的人员有受伤的,尤其是重伤员,应尽快送到附近的医疗点。

(11)如果在地震中不幸被埋压,应注意保护自己不受新的伤害,尽量改善自己的处境,稳定情绪,设法脱险。

①设法将双手从埋压物中抽出来,尽量挪开脸、胸前的杂物,清除口鼻附近的灰土,以保持呼吸畅通。闻到异味或灰尘太大时,应设法用湿衣服捂住口、鼻。

②设法避开身体上方不结实的倒塌物、悬挂物或其他危险物;搬开身边可搬动的杂物,扩大活动空间,搬不动时切勿勉强,以防进一步倒塌;设法用砖石、木棍等结实物支撑残垣断壁,以防余震时造成新的危害;不要随便动用室内电源、水源,切勿使用明火。

③观察四周有无通道或光亮,判断从哪里有可能脱险,试着排开障碍,开辟通道。若开辟通道过于费时费力或不安全时,应立即停止,以保存体力。

④如果暂时不能脱险,切勿大声哭喊,尽量闭目休息;寻找和节约使用身边的食物和水(参考1.13和1.14节);如果受伤了,要设法包扎和止血(参考1.1节和1.2节),防止伤口感染;倾听周围有无其他人,听到人声、敲击声时,应立即回应,如无法回应,可用硬物敲击铁管、墙壁。

⑤待外面有人营救时,应按营救人员的要求行动,被救出后,

切勿过于激动，应按医生要求保护好眼睛，节制进食和饮水。

(12)地震发生后，应听从相关部门的指挥，到安全的地方临时居住，积极配合防疫人员接种疫苗、喷洒各类消毒剂。

6.2 遭遇海啸时如何自救

海啸是由水下地震、火山爆发或水下塌陷和滑坡等地质活动引起的海面恶浪。海啸发生时常伴随着巨响，巨浪呼啸，以摧枯拉朽之势，吞噬它经过的一切地方。虽然海啸是最可怕的自然力量之一，但如果我们能识别海啸发生的前兆，并掌握一些避险措施，在海啸发生时，就能更好地帮助自己和身边的人脱险。

(1)海啸多是由地震引发，海啸登陆之前，会有一些非常明显的宏观前兆。

①海水异常暴退或暴涨。

②离海岸不远的浅海区海面突然变成白色，其前方出现一道道长长的、明亮的水墙。

③位于浅海区的船只突然剧烈地上下颠簸。

④突然从海上传来异常巨响，在夜间尤为明显。

⑤大批鱼虾等海生物在浅滩出现。

⑥海水冒泡并开始快速倒退。

(2)地震是海啸最明显的前兆，当发现地震宏观前兆，或在地震中、地震后，不要靠近海边以及江河的入海口，更不要游泳。如果在海边听到有关附近地震的报告，要随时关注电视和广播，做好防海啸的准备。

(3)听到海啸预警后,即使没有感觉到明显的征兆,也要立即离开海岸,不要眷顾财产和其他物品。切记不要出于好奇而留在海边观看海啸,靠海太近的话,海啸登陆时是无法逃脱的。

(4)安全撤离到内陆后,不要轻易返回海岸,应随时关注电视和广播,从中获取准确的信息。

(5)海啸发生时,逃生的方向应该是内陆地势较高的地方,离海岸线越远越好。如果时间有限,或已身处险境,应选择高大、坚固的建筑物并尽可能往高处爬,最好能够爬到屋顶;也可以爬到粗壮高大的树上。

(6)航行中的船只听到海啸预警后,不应返回港湾,海啸在海港中造成的落差和湍流对船只非常危险。如果时间允许,应在海啸到来前将船只开到开阔的海面。注意,海啸发生时,不能在停泊在海港的船只上停留。

(7)如果不幸落入海水中,应尽可能寻找可用于救生的漂浮物,如救生圈、门板、树干、钓鱼设备等,尽可能保留身体的能量,沉着冷静,等待救援。

6.3 洪灾袭来时如何自救

沿河、沿江和滨湖地区每隔几年就会受到洪水的威胁,有些地方甚至会更频繁。洪水所到之处,房屋倒塌、农田被淹没、交通瘫痪、供电中断、水源被污染……最严重的是,如果来不及转移,洪水可能会吞噬我们的生命。如果我们能掌握一些洪灾自救措施,就可以在灾害发生时更好地帮助自己和身边的人。

(1)一般来讲,政府部门会在洪水经过之前发出灾害预警,通

过各种媒介不断向受到洪水威胁的群众传达转移通知，告知转移方式、转移路线和目的地等。群众应当服从安排，有序进行人员和财产的转移。

(2)如果是有序转移，在条件允许的情况下，可以带上家中比较重要的财产，还可带上衣物、饮用水和食物；如果是紧急救生，时间紧迫，则应首先考虑人员的转移，切勿过多考虑带什么东西，以免贻误最佳逃生时机。

(3)生活在洪水易发区的群众，平时要多观察周围的地形地貌，为自己选择一个可以躲避洪水的安全地点，以及到达这个安全地点的路线。

①避洪场所一般应选择在居家较近、地势较高、交通较为方便的地方，应具备上下水设施，卫生条件较好，与外界可保持良好的通信联系。

②城市中选择避洪场所比较容易，许多高层建筑的平坦楼顶，地势较高或有牢固楼房的学校、医院，以及地势较高、条件较好的公园等都可作为避洪场所。

③洪水冲击避洪场所时，有条件的可修筑或加高围堤，否则应及时登高到基础牢固的屋顶，或在大树上搭棚、搭建临时避难台等。

(4)具备原地避洪条件的，可以准备原地避洪。首先要做好可供几天食用的食物，将食物与衣被等放至高处保存。如果有可能，还应当扎木排，搜集木盆、木块等漂浮材料并加工为救生工具，以备急需。为防止发生其他意外伤害，在室内进水前，要及时拉断电源，以防触电，遇到打雷时要注意避雷。

(5)被洪水围困时，切勿消极地等待救援，应积极主动地寻求生机，如利用通信工具发出求救信号，用手电筒、旗帜、火光、颜色鲜艳的床单等呼救。

(6)洪水汹涌时，切不可轻易下水。水中的漩涡、暗流等易对人造成伤害；上游冲下来的漂浮物可能将人撞晕；毒蛇、毒虫可能咬人；碰到倒塌的电线杆上的电线，还可能发生触电。

(7)如果必须下水逃生，可借助木床、木柜、圆木、木板等制成木筏逃走。如果不幸落水，切勿大喊大叫，以免水进入呼吸道；尽量抓住木板、树枝、桌椅等助漂物；漂浮时，双脚像骑自行车那样上下踩动，空出来的手不断划水，使头部露出水面；沉入水中时应立即屏气，手脚不断划动，以免沉入水底，利用挣扎时头部露出水面的机会迅速换气，然后再屏气，如此反复，等待救援。

(8)如遇他人溺水，首先要呼救，以争取更多人的帮助，其次要根据落水者的位置，在力所能及的情况下，科学救人(不会游泳者、游泳技术欠佳者切勿轻易下水救人)。

①如果溺水者神志清醒，且距岸很近，应迅速向其抛掷救生圈，没有救生圈时，可用毛巾、长绳、木板、长棍等代替；溺水者离岸较远、需要入水施救时，应采取脚先入水的方式，以了解水下情况，尽量避免被水下的岩石或其他异物伤害。施救者入水后，应将目光锁定在溺水者身上，抬头快速游向溺水者，从溺水者背后接近之(从正面接近溺水者很容易被溺水者抱死)，用双手虎口卡住溺水者腋下，采用反蛙泳的游泳方式，将其拖拽上岸。

②把溺水者拖拽上岸后，迅速用手指抠出其口鼻喉中的淤泥、杂草和呕吐物等，使溺水者头面向下，拍其后背，使其吐出吸入的

水。如果溺水者已经停止呼吸,要立即进行人工呼吸,对心跳停止者要实行胸外心脏按压,若心跳恢复,应立即转运至附近医院抢救(心肺复苏方法参见1.4节和1.5节)。

(9)山洪是山区溪沟中发生的暴涨暴落的洪水,具有突发性强、水量集中、破坏力强等特点。一旦在山区中遭遇暴雨,应提高警觉,马上寻找较高的地方避洪。注意,应当向山脊方向奔跑避洪,切勿在危岩和不稳定的巨石下避洪,不要在山谷中逗留,因为山谷是山洪暴发的路径。

6.4 遭遇台风时如何避险

台风和飓风同属热带气旋,一般来说,我们把在太平洋上生成的热带气旋称为台风。台风是与生产生活密切相关的降雨系统,可带来充足的雨水,但台风突发性和破坏力强,又会带来诸多伤害。在易受台风威胁的区域,掌握一些台风避险措施是很有必要的。

(1)台风到来前,气象部门将对台风中心的移动路径、登陆地点、登陆时间和风雨强度作出比较准确的预报,及时了解天气预报、掌握台风行动方向是有效躲避台风的前提。尤其是在沿海作业或打鱼的船只,一定要及时收听、收看台风预报和警报,提前返回港口或港湾。

(2)在收不到天气预报的地方,可以通过一些台风常识来预测台风的到来,及时采取措施。

●跑马云,台风临　“跑马云”,学名“碎积云”,云高1~2 km,属低云,其形状如破碎的馒头。在我国沿海地带,“碎积云”的特点是从东南沿海方向飞速移向本地天顶，势如跑马，是本地遭受台风侵袭的预兆。

跑马云，台风临

• 无风起长浪，不久狂风降

台风中心的极低气压和云墙区的大风常使海面产生巨大风浪，风浪向四周传播，由于风力减小和能量消耗，浪高逐渐减小，波浪周期变长，形成涌浪。涌浪传播的速度比台风移动速度快2~3倍，可提前预警台风的到来。

(3)强风可能吹倒建筑物、高空设施，居住在各类危旧住房、厂房、工棚以及低洼地区的人员，要及时转移到安全地带，不要在临时建筑(如围墙等)、广告牌、铁塔等附近躲避。

(4)台风经过时，如果已经在结实的房屋内，应小心关好窗户，在玻璃窗上用胶布贴成“米”字图形，以防玻璃破碎；更好的做法是在没有窗户的房间里躲藏，同时切断电源，关闭燃气(煤气)。准备在家中避险的，应提前准备矿泉水、熟食及照明设备。

(5)强风会吹落高空物品，要及时搬走屋顶、窗口、阳台处的花盆、悬吊物等，以免砸伤人。在台风来临前，最好不要出门，以防被砸、被压或触电等。

(6)如果居住在台风频发的区域，平时应多检查自己车辆的雨刮器、刹车、灯光等。台风来临时，如果正在驾驶，首先要减速慢行，尽量避免在强风影响区行驶；选择停车位置时，不要贴近露天广告牌，也不要停在楼上有花盆、杂物、空调外机的楼宇旁边；如果停在地下车库，一定要事先看看车库的排水系统是否完善。

(7)台风到来之前，气象学家和航海学家会根据台风移动的方向，将台风区划分为危险半圆和可航半圆。对于在海上航行的船只来说，如果不慎驶入危险半圆，应尽快改变航向，脱离台风。

(8)来不及避险的海面船只，应向最近的海岛靠拢，及时登陆，避免船毁人亡，同时利用船上的通信设施发出求救信号，等待救援。当救援船只或直升飞机到来时，可以挥舞旗帜或点燃火把，以指引救援人员。

(9)如果船只经不住台风的袭击，也找不到海岛登陆，应在船只沉没之前跳水逃生。跳水前应穿好救生衣，将淡水、食品和通信工具装在防水袋中随身携带，同时，一定要记住自己落水的地理坐标。落水之后，要减少身体的活动量，保持体温，适当饮水和进食，待风浪减小后及时发出求救信号，等待救援(关于海洋中漂浮求生可参考4.6节中的相关内容)。

(10)台风可能带来暴雨，从而造成山洪、滑坡和泥石流。处在危险地带的人员一定要提高警惕，一旦发现灾害征兆时，不要迟疑，宜尽早撤离危险区，及时报告当地政府和有关部门，以使周围居民能及时脱险。当地政府和有关部门要求转移或撤离时，一定要按要求有序转移或撤离，切勿存在麻痹和侥幸心理。

6.5 遭遇泥石流、滑坡、崩塌时应该怎么做

泥石流、滑坡、崩塌大都发生在山区，属于山地灾害，一般是在暴雨、久雨中(后)由重力作用形成。大量泥沙、石块等固体物质在一定坡度上向下运动为泥石流，斜坡上的岩体或土体沿一定软弱面或软弱带整体向下滑动为滑坡，斜坡上的岩体或土体突然脱离母体崩落、滚动、堆积在坡脚或沟谷为崩塌。

这三种灾害爆发突然、来势猛、时间短、破坏力强，对人们的生命财产安全构成严重威胁。在这里，让我们来了解一些相关的预警和逃生措施。

(1)山地灾害发生之前，一般都会出现一些前兆，掌握这些前兆，有助于及早发现险情，及时采取措施。

①当发现山间的马路或人行道上有塌下的泥石时，或有泥土、岩石、混凝土、砖石碎块以及连根拔起的植物从斜坡及挡土墙坠落而下时，一定要及时避开，此种情况下，很可能会发生山地灾害。

②如果发现斜坡、挡土墙或路面出现下陷或新的大裂痕，这是山地灾害即将到来的重要迹象，必须迅速撤离，如有可能还应通知附近的其他人。

③如果发现从斜坡、挡土墙流出的水突然由清澈转为浑浊，或大量雨水急流于斜坡、挡土墙上，或在斜坡、挡土墙上突然出现大面积渗水，要及时撤离，并做好预防工作。

④山地灾害在形成发展过程中，会引起地下水水质和水量的变化，如：泉水水量突然变大、变小或断流，水质突然浑浊；原本干燥的地方突然渗水或出现泉水；井水水位忽高忽低或者干涸；蓄水池的蓄水突然大量漏失等。

⑤山地灾害爆发之前，可能会有一些地下异响，主要是由地下岩层断裂、巨大石块相互挤压和摩擦造成的。相比于人类，动物对这些声音可能更为敏感，如果发现动物有异常行为，应当引起警觉。

在判断是否会发生山地灾害时，应注意多种现象相互印证，尽量排除其他因素的干扰。在无法准确判断时，“宁可信其有，不可信其无”，先采取避灾措施，再请专业人员来诊断。

(2)只要有山地的存在,就一定会有山地灾害,但人们仍有可能通过一些作为和不作为来避免置身于危险之中。

①在山地建房时,不要一味追求"依山傍水",将山坡劈直盖房的做法,不仅影响边坡的稳定,而且增加了山地灾害的隐患。

②尽量不要去山地灾害频发的地方旅行,或不要在山地灾害频发的季节出行。实在要去的,在山区扎营时,切勿选择谷底泄洪的通道、河道弯曲和汇合处等地。

③居住在山区或旅行(驴行)途径山区时,要留意收听当地的有关预报,当地防灾指挥部提前制定有特定的撤离信号,一旦发生险情,可以听到报警器、鸣锣、吹号等信号,当地居民还可能收到手机短信息,此时应尽快撤离到安全的高处。

(3)遭遇泥石流时,如果来不及撤离,可采取以下逃生措施:

①在山区中听到异响,看到石头、泥块频繁飞落,表明附近可能有泥石流袭来。如果响声越来越大,石头大小已明显可见,说明泥石流很快就要流到,此时应立即丢弃重物逃生。

②泥石流的面积一般不会很宽,逃生时不能沿沟向下跑,而应当向两侧山坡上跑,离开沟道、河谷地带。但应注意,不要在土质松软、土体不稳定的斜坡上停留,以防失稳下滑,应在基地稳固又较为平缓的地方暂停观察,选择远离泥石流经过的地段停留避险。

③遭遇泥石流时,不应上树躲避,因为泥石流不同于洪水,其流动可能剪断并卷入树木。

④应避开河(沟)道弯曲的凹岸或地方狭小、高度不够的凸岸,泥石流有很强的掏刷能力及直进性,这些地方可能被泥石流体冲毁。

⑤用衣服护住头部,以免被击伤。如果不幸被泥石流埋住,应

尽量使头部露出，迅速清除口鼻中的淤泥，以保持呼吸顺畅。

(4)遭遇滑坡时，如果来不及撤离，可采取以下逃生措施：

①滑坡发生时，应向滑坡边界两侧之外撤离，绝不能沿滑移方向逃生，更不要不知所措，随滑坡滚动。在确保安全的情况下，避险地离滑坡发生地越近越好，交通、水、电越方便越好。

②当滑坡速度很快、来不及逃离时，应迅速抱住身边的树木等固定物体，或躲避在结实的障碍物下，或蹲在地坎、地沟里，可利用身边的衣物保护好头部。

③住房在滑坡段的，滑坡停止后，切勿立刻回家检查情况，因为滑坡会连续发生，贸然回家可能遭到第二次滑坡的侵害。除非滑坡已完全过去，且确认房屋完好、安全后，方可进入。

④滑坡过后，要及时清理疏浚，保持河道、沟渠通畅，根据具体情况砍伐随时可能倾倒的危树和高大树木。

(5)遭遇山体崩塌时，如果身处崩塌影响范围之外，一定要绕行；如果处于崩塌体下方，只能迅速向两侧逃生，越快越好；如果感觉地面震动，应立即向两侧稳定地区逃生。

7 现代化战争中如何自救与救人

7.1 遭遇空袭时怎么办

现代空袭不受空间限制,突发性强、载弹量大、破坏范围广,往往凭借少量架次的战机就能造成巨大破坏;通过精确打击桥梁、电厂、水厂等核心目标,使城市瘫痪;化学物质、烟尘、碎片等会造成多重污染,严重影响居民生活,造成人员、财产的巨大损失。虽然“和平与发展”是当今世界的主题,但国际形势瞬息万变,我们不可能完全排除战争爆发的可能性。如果在未来战争中遇到空袭,我们应该怎样做呢?

(1)躲避空袭最重要的是要找到掩体。人防工事(防空洞)、地下商场、地下停车场等都是比较有效的掩体,在平时,应熟悉通往这些地方的道路及其入口。

(2)当敌机朝我们所居住的城市袭来时,相关部门会鸣放空袭警报。许多城市每年都会在特定的日子试鸣放空袭警报,我们必须对各种空袭警报所代表的意义有所了解,才能更好地应对。

- 预先警报　表示敌机即将空袭城市,其信号为:鸣36秒,停

24 秒，重复 3 遍为一个周期，时间持续 3 分钟。

• 空袭警报　表示空袭已经开始，其信号为：鸣 6 秒，停 6 秒，重复 15 遍为一个周期，时间持续 3 分钟。

• 解除警报　表示空袭已经结束，其信号为：一声长鸣，持续时间 3 分钟。

警报声起伏越频繁，其告警程度越高。现在还有一种灾害警报，其信号为：鸣 3 秒，停 3 秒，重复 30 遍为一个周期，持续时间 3 分钟。

(3)城市居民区离空袭目标比较接近，因此，战争即将来临时，相关部门会组织城市居民进行临战疏散，有组织地进入人防工事或就地隐蔽。进入掩体时，勿大声喊叫，勿在入口处拥挤，应在工作人员的指挥下按规定位置坐下；严禁使用明火和吸烟，并减少饮水。空袭过程中，一般是严禁人员进出的，警报解除后，应在工作人员的指挥下有序撤离掩体。

(4)如果遇到空袭时还没来得及进入掩体，要迅速利用地形等条件就地隐蔽，比如可以利用树林、沟渠、建筑物等阻挡弹片和冲击波。现代空袭主要针对重要的军事、政治、经济目标，因此，隐蔽时要远离这些目标，同时要避开高大建筑物，避开核生化危险源(比如化工厂、核电站)，避开火源、水源(如水库、大坝)，避开人口密集的地方。

(5)如果在空袭中(包括核、生化武器袭击)被埋压，缺水断粮，或身体负伤，可按第 1 章中的相关急救措施施救。

7.2　遭遇核袭击时怎样保护自己

当今世界，越来越多的国家加入核武器的研制行列，这不得不使我们担心，一旦发生战争，核武器极有可能登场。首先，让我们来了解一下核武器会产生哪些破坏作用。

• 光辐射　光辐射又称热辐射，是核爆炸时的闪光及高温火球放出的强光和热。人员无遮蔽时被光辐射直射，会造成皮肤烧伤；人眼直视火球，会造成眼底烧伤；人体吸入被光辐射加热的空气后，会造成呼吸道烧伤；光辐射还可引起大面积火灾，间接造成人员伤亡。

• 冲击波　高速高压气浪可挤压和抛掷人员、物体，使人员骨折、内脏破裂或皮肉撕裂；城市建筑可能因冲击波而大面积倒塌。

• 早期核辐射　早期核辐射是肉眼看不见的射线，可穿透人体，破坏机体组织细胞，使人体受到放射损害；也会使物体受到损害，比如使胶卷曝光、药片失效等。

• 核电磁脉冲　核电磁脉冲是在核爆炸瞬间产生的强电磁波。它能消除计算机上存储的信息，使自动控制系统失灵和家用电器受到破坏。

• 放射性沾染　放射性沾染是核爆炸后从蘑菇云中散落下来的放射性物质，使空气、土地、地面物体、水源等受到沾染。沾染区内无防护的人员受到放射性物质的照射，其所受伤害与早期核辐射基本相同。

核爆炸的典型特征为：首先在高空产生闪光和火球，火球一边产生光辐射，一边膨胀，其间会产生冲击波，冲击波在爆心投影点产生反向抽吸，从地面掀起巨大尘柱，尘柱上升与烟云衔接，产生蘑菇云。

核武器具有如此巨大破坏力，我们应该怎样识别核袭击和消

核爆炸的典型特征:蘑菇云

除它带来的伤害呢?

(1)发现核爆炸闪光时,如果身在户外,可双手交叉垫在胸前,脸部夹在两臂之间,背向爆心迅速卧倒,双手肘前伸,双腿并拢,闭眼闭口,憋气15秒以上;若附近有土丘、矮墙、花坛等,可在这些物体后侧卧倒;若附近有沟渠、土坑等,可立即跃入其中,双手掩耳,闭眼闭口,暂停呼吸。

(2)核爆炸时,如果是在室内,应在墙的内拐角或墙根处卧倒,或跪趴在桌下、窗下,也可在较小的房间或门框处躲避。注意隐蔽位置要避开玻璃门窗和易燃易爆物,以免受到间接伤害。

(3)待瞬时杀伤过去之后,立即戴上防毒面具或口罩,扎好裤口、袖口、领口,披上防毒斗篷,如果没有,也可用雨衣、塑料布等代替。做好这些保护措施后,立即撤离沾染区或进入人防工事躲避。其间,如有专业人员到场指挥,应听从其统一安排。

(4)如果衣裤可能受到放射性沾染,要及时消除。其方法为:脱下衣裤,按自上而下、先外后内的顺序拍打和抖动30~40次,抖动时抓住衣服的双肩或裤腰,注意轻提重甩,用力向下抖动。

(5)应及时用干布或湿毛巾擦拭面部、耳窝、颈部和双手沾染的灰尘,如有条件,应进行全身淋浴,更换清洁衣服。

(6)如果误食了受到沾染的食物,可采取催吐、洗胃或多喝水等方法及时排出。

(7)对受到沾染的道路、桥梁和地面等,应采取铲除、扫除或用水冲洗等方法消除放射性灰尘。消除过程中产生的垃圾和污水应进行深埋并做好标记,以免再次造成污染。

7.3 遇到化学武器袭击时的防护

化学武器杀伤范围广、伤害途径多、作用时间长,加之其价格相对便宜,被称为“穷人的原子弹”,受到很多国家的青睐。

大部分化学毒剂被制成气雾状态,投放后随风飘散,一旦被人体吸入,会出现全身无力、缺氧、窒息、呼吸麻痹、身体组织溃烂等症状中的一种或多种。水源、食物、住房、车辆等受到沾染后,也会引起人员的间接中毒。那么,我们如何知道敌人使用了化学武器,又应当怎样做好相关的防(救)护呢?

(1)战争中,大面积同时发生异常现象,可怀疑为化学武器袭击,如大多数人突然闻到异味、眼睛受到刺激,昆虫飞行困难,家禽突然死亡,植物大面积变色或枯萎,等等。如果发现敌机低飞并洒下大量烟雾,经过后地面留下大片均匀的油状斑点,这极有可能是投放了化学武器。

(2)遇到化学袭击,应立即做好个人防护:迅速戴好防毒面具,穿上防毒衣,戴上防毒手套,穿上防毒靴;没有这些防毒设施的,可戴上浸碱口罩(在碱水中浸泡后晾干制成)和防风镜(没有防风镜,也可用眼镜、墨镜来减轻伤害),利用雨衣、风衣、塑料布、手套、雨靴等进行防护,并扎紧裤口、袖口、领口。

(3)做好个人防护后,尽快撤离沾染区,尽可能进入有防毒设施的人防工事进行躲避,附近没有人防工事的,要尽快撤离沾染区。

①选择坚硬、干燥、平坦、植物层低、杂草少、遮拦少的道路进

行撤离,尽量避开弹坑和有明显液滴的地方,选择上风处。

②撤离途中,不要接触染毒物品和疑似染毒物品,不坐卧、不脱防护器材、不进食、不饮水,尽快通过;人多撤离时,要拉开一定距离。

③通过沾染区后,应背风而立,按下述方法脱去防护器材:先脱去防毒衣(雨衣、风衣),将染毒面向内折叠好,放置在相对于自己的下风处,用消毒液对其进行消毒,然后脱去防毒靴(雨靴)、防毒手套,最后取下防毒面具(口罩、眼镜)。

(4)如发现自己或同伴的皮肤沾染到不明液体,要立即消毒。消毒时要戴口罩(面具)和手套,选择吸收能力好、未被沾染的纸巾、棉球、土块等,由液体斑点外沿向内吸擦,不扩大斑点面积,擦拭完毕后,用净水冲洗干净,集中处理废渣。注意,消毒所用时间越短越好。

(5)如有人员中毒,应尽快将其送往就近的医疗救护处,同时采取以下救护措施:

①让中毒者保持安静,以减慢毒剂吸收的速度。

②如果是在沾染区内中毒,应迅速将其转出。转移时,松开中毒者的衣扣和腰带,注意保暖和供氧。

③及时清除中毒者口腔中的异物,使中毒者的头偏向一侧,以免呕吐物呛入气管。

④对误食中毒者,应使其快速喝下大量水,用手指触其咽喉促吐,或口服肥皂水等促吐,以排除毒剂。

⑤发现呼吸衰竭者,应立即给氧,保持呼吸畅通;对呼吸骤停者,应立即进行人工呼吸;对心脏骤停者,应立即进行胸外心脏按压(心肺复苏方法参见1.4和1.5节)。

7.4 生物战剂防护措施

生物武器也叫细菌武器，是利用致病微生物或其毒素使人、畜、农作物毁坏的武器。常见的生物战剂有炭疽杆菌、鼠疫杆菌、天花病毒、登革热病毒等，传染性极强，会在不经意中通过空气、饮水、蚊虫叮咬、接触病人或病人触摸过的物品等进行传染，导致较高的死亡率。

施放生物战剂的方式一般有：施放生物战剂气溶胶，投放带菌昆虫、动物和其他媒介物，用生物战剂污染水源、食物、通风管道等。我们应当如何针对生物战剂进行防护呢？

(1)战争期间，发现以下一种或多种迹象，可判断为敌人投放了生物战剂，应及时向有关部门报告，并主动进行隔离、防护、观察和消毒。

①飞机低飞时尾部有云雾，或投撒下一些杂物。

②看到异常烟雾云团，地面发现特殊容器。

③炸弹爆炸后弹坑浅，弹坑周围有粉末或液珠。

④昆虫和小动物出现的数量与地区或季节不相符合。

⑤短时间内出现大批症状相同的病人、病畜；大批病人、病畜发生当地少见的疾病；大批病人、病畜发病季节反常。

(2)生物战剂气溶胶是比较常用的施放方式，它主要是通过呼吸道进行感染，可用各类防毒面具、口罩进行防护，有效阻止致病微生物进入呼吸道。

(3)要尽量防止体表被污染和被昆虫叮咬。紧急情况下，应用长袖衣裤、雨衣、塑料布等进行防护，注意扎紧裤口、袖口、领口，暴露的皮肤可涂抹驱蚊药水。

(4)对受到沾染或可能受到沾染的房屋、器具等,用福尔马林或过氧乙酸进行熏蒸,或使用通风的方式杀灭细菌。对衣物可用煮沸的方式灭菌,或用1%高锰酸钾溶液浸泡灭菌。

(5)可采用打、捕、烧、熏或喷洒杀虫药等方法消灭昆虫,用毒杀或打、捕、挖、灌等方式灭鼠。注意妥善处置带菌昆虫和动物的尸体。

(6)近年来,国际上出现了通过邮递信件或包裹来转播生物战剂的方式。战争期间,收到信件或包裹时,如发现邮寄地址及署名模糊,或其他可疑现象,切勿轻易打开,也不要嗅、舔、摇晃,可用手指摸、对光照。在室内不通风的情况下,可将信件或包裹放在一个密闭的塑料袋中,隔着袋子轻轻拆开,如发现内有粉末状异物,应立即停止操作,把塑料袋密封好,放在原地并做好标记,及时对信件或包裹接触过的地方消毒,对双手消毒,并迅速向相关部门报告。

突发事件中可能用到的电话号码

匪　警	110
火　警	119
急救中心	120
交通事故	122
公安短信报警	12110
水上求救专用	12395
天气预报	12121
报时服务	121173
森林火警	95119
红十字会急救台	999